镁渣水合制备脱硫剂原理

Hydration Preparation Principle of Magnesium Slag Desulfurizer

樊保国 著

科学出版社

北 京

内 容 简 介

本书利用皮江冶炼镁的废弃物——镁还原渣(镁渣),采用水合方法获得了在中高温条件下(循环流化床燃烧)具有较高脱硫活性的脱硫剂;并在水合过程中采用激冷、添加剂等方法,使其脱硫活性进一步提高。对镁渣、镁渣水合脱硫剂(水合产物)、脱硫产物的化学组成以及微观特性进行分析,借助反应动力学和分形理论,得出镁渣水合制备脱硫剂的基本原理。

本书可供高等学校能源与动力工程相关专业的本科生、研究生以及工程技术人员参考。

图书在版编目(CIP)数据

镁渣水合制备脱硫剂原理 = Hydration Preparation Principle of Magnesium Slag Desulfurizer / 樊保国著. —北京:科学出版社,2018.11
ISBN 978-7-03-059163-0

Ⅰ. ①镁… Ⅱ. ①樊… Ⅲ. ①脱硫–理论研究 Ⅳ. ①X701.3

中国版本图书馆CIP数据核字(2018)第240891号

责任编辑:耿建业 武 洲 / 责任校对:彭 涛
责任印制:张 伟 / 封面设计:无极书装

科 学 出 版 社 出版
北京东黄城根北街 16 号
邮政编码:100717
http://www.sciencep.com

北京凌奇印刷有限责任公司 印刷
科学出版社发行 各地新华书店经销
*
2018年11月第 一 版 开本:720×1000 1/16
2020年 3 月第三次印刷 印张:8 3/4
字数:165 000
定价:98.00 元
(如有印装质量问题,我社负责调换)

前　　言

镁（Mg）作为一种重要的金属，在工业上有着广泛的用途。镉的冶炼几乎全部通过热还原法，即外部加热还原罐间歇式硅热工艺（皮江法）。中国镉的产量占世界总产量的 80% 以上。热还原法镉冶炼工艺中，每生产 1t 镁，相应产生 6～7t 废弃物——镉还原渣（镉渣）。镉渣主要成分为硅酸二钙（C_2S）以及少量氧化钙（CaO）等其他物质。镉渣经还原罐排出自然冷却后会即刻粉化，对大气、土壤以及水体产生污染。目前，尚无特别有效的消纳处理方法。如果通过一定的改性方法，提高其反应活性，用于燃煤烟气脱硫，可以形成以废治废、多种污染物综合解决的方案。

本书采用水合的方法获得了在中高温条件下具有较高脱硫活性的脱硫剂，并采用炽热镉渣激冷水合、添加剂水合等方法，使其脱硫活性进一步提高。通过对镉渣、水合脱硫剂（脱硫剂）、脱硫产物的化学组成以及微观特性的分析，借助于反应动力学和分形理论，得出了镉渣水合制备脱硫剂的基本原理。本书呈现了本领域最新的研究成果，既体现出其学术特点，又密切联系工程背景。

全书共分六章，主要由作者以及课题组老师多年的研究成果组成。在编写过程中，课题组金燕教授、宋凯副教授、郑仙荣副教授、刘海玉副教授、乔晓磊工程师、徐樑工程师给予了很大的支持。博士研究生李经宽、贾里和硕士研究生王旭涛、王兴、段丽萍、姬克丹、侯宇、冯乐等同学做了一系列的研究工作；博士研究生贾里、硕士研究生韩飞做了大量文稿整理工作，在此一并感谢。

感谢山西泛镉科技有限公司和山西八达镁业有限公司在相关现场试验给予的大力支持。

本书的出版得到了国家自然科学基金委员会、山西省科技厅等部门的资助，在此表示感谢。

由于本领域国际上相关研究较少，加之著者水平所限，书中难免存在不足，恳请广大读者批评指正。

樊保国

2018 年 7 月

目　　录

1 绪　　论

1.1　镁的基本性质与用途

镁元素在地壳中的蕴藏量极为丰富，在地壳所有组成元素中排第六位，占地壳总质量的 2.1%～2.7%，是仅次于铝、铁、钙居第四位的金属元素，主要蕴藏于白云石（$CaCO_3 \cdot MgCO_3$）、菱镁矿（$MgCO_3$）、橄榄石（$Mg_2SiO_4 \cdot Fe_2SiO_4$）、蛇纹石矿（$Mg_6[Si_4O_{10}](OH)_8$）、滑石（$Mg_3[Si_4O_{10}](OH)_2$）、水镁石（$Mg(OH)_2$）海水和盐湖水中。因此，镁资源又分为固体矿和液体矿两大类。据统计，世界的菱镁矿保有资源储量约为 120 亿 t，水镁石上百万 t，海水中镁元素的总含量约为 60000 万亿 t。镁是元素周期表的第二族化学元素（原子序数为 12，原子量为 24.39），镁的熔点为 648.9℃。单质镁为常见的金属，固体状态下镁的密度（20℃时）等于 $1738kg \cdot m^{-3}$，是铜的 19.5%、铁的 22.3%、铝的 64.4%；镁合金比同种金属单质构成的铝合金和锌合金分别轻 36% 和 73%。在熔融状态下，镁的密度为 $1572 \, kg \cdot m^{-3}$。纯镁是柔软可锻的金属，铸镁的抗拉强度约为 $78.4N \cdot mm^{-2}$，而锻镁的抗拉强度则为 $196N \cdot mm^{-2}$，其延伸率相应为 6% 和 8%，布氏硬度为 30 和 35[1]。

镁和镁合金具有质轻、高阻尼性、可再生等优点，被誉为"新型绿色工程材料"，有可能成为继钢铁、铝之后的第三大实用金属材料[2]。镁和镁合金还具有导热导电性能好、比强度和比刚度高的优点，比强度高于传统金属材料（铝合金和钢），略低于现有比强度最高的增强型纤维塑料，比刚度与铝合金和钢相当，远高于增强型纤维塑料；其电磁屏蔽好、减振性和阻尼性高、切削加工性好以及加工需要的能量小、成本低和易于回收；耐磨性能优于低碳钢和铝合金制品[3]。由于镁的密度小，比强度高，并能与铝、铜、锌等金属构成高强度、高韧度合金，因此，镁是良好的合金元素，其最大消费领域是在金属材料科学中用作合金添加元素。

20 世纪 90 年代以来，随着各领域对镁的需求加大，镁及镁合金研发及应用进入高速增长期，受到各个国家的高度关注。近几年，镁及镁合金开始替代铝材和钢材，被广泛应用于飞船、飞机、导弹、汽车、计算机、通信产品、消费类电子产品的制造等，生产和消耗量呈快速上升趋势[4]。

1.2　镁的生产工艺

生产金属镁的方法有熔融盐电解法和热还原法。前者的直接原料为氯化镁，后者为氧化镁。

1.2.1　电解法

　　电解法生产金属镁的方法有很多，以白云石为例，先将白云石制成氧化镁，再氯化制得无水氯化镁，最后电解制取金属镁，如反应式(1-1)～反应式(1-3)所示[5]。Dow 公司则用海水把烧结的白云岩制成泥浆，沉淀出氢氧化镁，再与盐酸反应生成氯化镁，然后掺入其他物质加热电解制取金属镁[2]。所以，电解工艺是针对氯化镁为直接原料生产金属镁。

$$CaCO_3 \cdot MgCO_3 \longrightarrow MgO + CaO + 2CO_2 \uparrow \qquad (1\text{-}1)$$

$$2MgO + Cl_2 \longrightarrow 2MgCl + O_2 \uparrow \qquad (1\text{-}2)$$

$$2MgCl \longrightarrow 2Mg + Cl_2 \uparrow \qquad (1\text{-}3)$$

1.2.2　热还原法

　　热还原法即皮江法，是加拿大化学家皮江·拉维里(Pidgeon L. M.)于 1941 年提出的利用白云石等通过加热还原获取金属镁的一种工艺，也称蒸发冷凝法(氧化镁被还原，镁蒸发再冷凝)。该工艺将白云石置于回转窑内煅烧，形成氧化镁，然后加入还原剂硅铁以及催化剂萤石(CaF_2)粉在真空还原炉内发生置换反应得到粗镁[6]。皮江法炼镁的主要生产工艺流程如图 1.1 所示。金属镁的冶炼生产工艺主要可分为煅烧工序、球团制备工序和还原工序三个阶段。

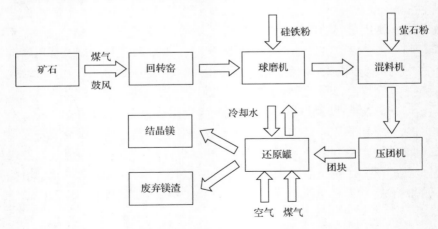

图 1.1　皮江法冶炼镁工艺流程

1）煅烧工序

把经破碎筛分后粒径范围为 10～40mm 的白云石原料送入竖式预热器顶部料仓，然后由加料管送入预热器的预热箱体内。白云石在预热箱体内缓慢下移，并经 1000～1100℃的窑尾热气预热到 900℃左右，进入回转窑。回转窑通过安装在炉窑前部的煤气烧嘴向窑内提供热量，高温煅烧使白云石在 1150～1200℃发生 $MgCO_3$ 和 $CaCO_3$ 热分解反应(1-1)，生成 MgO 和 CaO（煅白）。

煅烧后的白云石在竖式冷却机内冷却，冷却空气由二次风机提供。二次风机提供的冷却空气一方面把进入冷却器的煅白温度降至 100℃以下，同时，该冷却空气也被加热至 700℃以上，作为燃烧系统的助燃空气。冷却后的煅白经竖式冷却机下部卸料机卸出，经由板式输送机和斗式提升机转运至储库进行储存。

2）球团制备工序

硅铁自原料堆场经颚式破碎机破碎成 10～20mm 的粒度，与萤石以及煅烧后的合格煅白按照一定的比例（煅白∶硅铁∶催化剂萤石=100∶7.8∶0.06）进行混配，然后进入球磨机中进行磨制，磨成直径为 120μm（120 目）左右的混合粉料。磨好的粉料经斗提机提升到压球机，以 9.8～29.4MPa 的压力挤压成 40mm 左右的椭圆状球体并进行筛分，小于 30mm 的球体和粉料返回重新压球，制成的合格球体送至还原车间，如图 1.2 所示。

图 1.2　制备合格的球团

3）粗镁还原工序

将制成的小球装入还原罐中，装入挡火板，将罐口密封，启动射流喷射泵使还原罐内部产生真空，要求真空压力达到 15Pa 以下。还原罐外部用煤气作为燃料加热罐体，罐体通过导热将热量传递给罐内的球团，内部温度达到 1150～1200℃时，在萤石的催化作用下，硅铁中的硅原子将氧化镁中的镁离子还原为单质镁。硅热还原法的主要化学反应过程如式(1-4)所示。

$$2MgO+2CaO+2SiO \xrightarrow{\text{1190~1210℃}} 2CaO \cdot SiO_2 + 2Mg \uparrow \qquad (1-4)$$

高温下的单质镁升华成金属镁蒸气,在还原罐头部被循环水冷却,镁蒸气冷凝成为固体粗镁,如图 1.3 所示。一般反应时间为 12h,当球体中的 MgO 几乎全部还原成金属镁后,将还原罐盖打开,靠液压机将金属镁取出。还原罐中剩余的还原渣(镁渣)在高温下排出还原罐,转运堆放冷却,如图 1.4 所示。

图 1.3　还原罐得到的粗镁

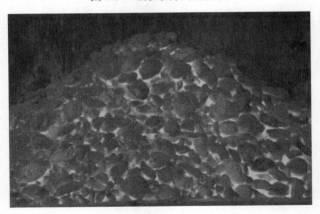

图 1.4　还原罐排出的炽热镁渣

影响镁还原过程的因素主要有[7]:

(1)煅白的活性度、灼减度和杂质含量。煅白的活性度在 30%~35% 之间时,镁的产出率显著升高。煅白的灼减度大于 0.5% 时,会严重影响罐内真空度,同时还会使析出的 H_2O 和 CO_2 同镁蒸气发生反应,影响还原速度。另外,其他杂质如 SiO_2、Al_2O_3 等太高时,会与 CaO、MgO 生成炉渣,相应地降低了 MgO 的活性度。同时，生成的炉渣容易结瘤，给操作带来困难。当球团中的 K_2O 和 Na_2O 总含量大于 0.15%时，会使金属镁从还原罐离开时产生氧化燃烧损失，从而降低镁的实收率。

（2）硅铁还原能力。生产实践证明，采用含硅量小于 50%的硅铁还原时，镁的产率较低。当采用含硅量大于 75%的硅铁还原时，镁产出率显著提高。但是，进一步提高硅铁中的硅含量时，对镁的产率提高不太明显。因此，采用含硅量大于 75%的硅铁还原是经济合理的。

（3）配料比。随着 Si 与 MgO 摩尔比的提高，镁的产出率提高，但是硅的利用率随此摩尔比的提高而降低。为了合理利用硅铁还原能力，并有效提高镁的产出率，应保持此摩尔比在 1.8～2.0 之间，同时，在生产过程中，根据来料构成、硅铁含量等变化，及时调整配料比。

（4）还原温度和真空度。正常生产过程中，还原温度应控制在 1150～1200℃，真空度控制在 10～15Pa。如果再提高还原温度，虽然能提高还原速度和金属镁的回收率，但是对还原罐和加热炉的寿命影响很大，所以应该均衡考虑。

（5）催化剂。在硅热还原法过程中，按白云石及还原罐的生产情况，在球团物料中加入 1%～3%的萤石，目的是加速 SiO_2 和 CaO 生成 $CaSiO_3$ 的反应，提高还原速度，增加产出率。

（6）物料粒度。煅白和硅铁的粒度不仅对成团有影响，同时还影响镁的还原过程。颗粒细小、混合均匀的球团可以增大煅白和硅铁的接触面积，加速反应，提高还原速度，但是颗粒过细时，球团易热断裂和粉化，影响还原反应的正常进行。

（7）球团的密实度和强度。提高制团压力、球团强度和密实度，可以减少破碎，提高装量，改善导热效果，加速反应，提高产量和镁的产出率。要求球团的密实度为 1900～2100kg·m^{-3}，球团的强度要求为从 1m 高处自由落到水泥地板碎成 3～4 块而不能见到粉末。

中国是世界上镁资源最为丰富的国家之一，镁资源矿石类型全、分布广，总储量占世界总储量的 22.5%，居世界第一位。菱镁矿的已探明储量为 34 亿 t，占世界菱镁矿总储量的 28.3%，居世界首位；含镁白云石矿资源遍及我国各省区，特别是山西、宁夏、河南、青海、吉林、贵州等省份，探明储量已达到 40 亿 t 以上。我国原镁产量连续多年位居世界第一，年产量占世界总年产量的 65%以上[8]。中国近十年来的原镁产量如图 1.5 所示，总体来看，我国的原镁产量随着经济的发展而不断增加。2016 年，我国的原镁产量为 91.03 万 t，达到近十年原镁产量的最大值。山西省作为产镁大省，其原镁产量占全国总产量的 30%以上。我国的金属镁冶炼企业普遍采用皮江法炼镁。由式(1-4)可以看出，每生产 1t 金属镁，必然会产 6～7t 镁还原渣。因此，镁渣的生成量也相当可观。为了消纳、利用镁渣，首先需要了解镁渣的基本性质。

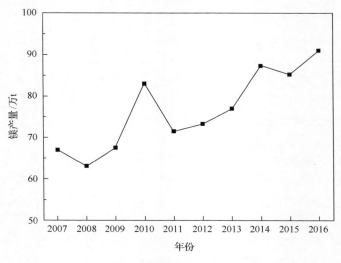

图 1.5　中国近十年原镁产量

1.3　镁渣的基本性质

镁渣是皮江法金属镁冶炼过程中产生的固体废弃物。还原罐中反应结束时，球团仍呈球状，镁渣均在炽热状态下，排出还原罐，如图 1.4 所示。由于机械作用，球团部分破碎。排出还原罐后，经自然冷却，渣球温度降低，块状及球团状镁渣很快粉化成细末状，如图 1.6 所示。

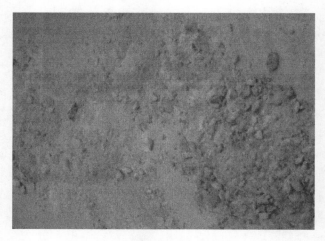

图 1.6　自然冷却后的镁渣(粉化)

1.3.1　镁渣的物理性质

自然冷却的镁渣几乎完全为粉末状，经 65 目、120 目、250 目、325 目、400 目和 500 目的分析筛筛分后，得到镁渣的粒径分布如表 1.1 所示。

表 1.1　镁渣粒径分布

项目	粒径范围/μm						
	<30	30~39	39~44	44~62	62~125	125~210	>210
质量分数/%	21.22	13.04	26.77	8.96	16.29	6.92	6.80

表 1.1 的筛分结果表明，镁渣的均匀性较差，粉化后，粒径小于 30μm 的镁渣占 21.22%，而粒径小于 125μm 的镁渣占 86.28%。因此，镁渣颗粒粒径以小于 125μm 的为主，这种细度的镁渣极易成为可吸入颗粒物（即 PM_{10}）和总悬浮颗粒物（即 PM_{100}）的来源。

1.3.2　镁渣的化学性质

X 射线衍射（X-ray diffraction，XRD）是通过对材料进行 X 射线衍射，分析其衍射图谱，获得材料的成分、材料内部原子或分子的结构或形态等信息的研究手段。

镁渣的 XRD 分析结果如图 1.7 所示[9]。由图谱可以看出，镁渣中 Ca 元素的

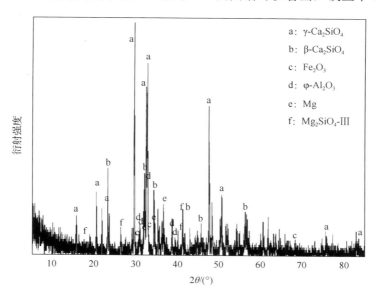

a: γ-Ca_2SiO_4
b: β-Ca_2SiO_4
c: Fe_2O_3
d: φ-Al_2O_3
e: Mg
f: Mg_2SiO_4-III

图 1.7　镁渣 XRD 分析

存在形式主要为硅酸二钙（Ca_2SiO_4，即 C_2S），以 β-Ca_2SiO_4 和 γ-Ca_2SiO_4 两种物相形式存在。Si 元素的主要存在形式为 Ca_2SiO_4 和 Mg_2SiO_4，并不是以往认为的 SiO_2。Mg 元素主要以 Mg 和 Mg_2SiO_4-III 两种物相形式存在，根据镁冶炼的工艺流程可以断定，Mg 为还原反应后留在球团内的镁。Fe、Al 等元素含量较少，通过金属镁冶炼方程式以及对镁渣元素的分析，推断其存在形式为 Fe_2O_3 和 Al_2O_3。

　　根据上述对镁渣的 XRD 分析及其元素的定量分析，计算得出的镁渣物质组分见表 1.2。从表中结果可以看出，在镁渣的物质组成中，除了含有 β-C_2S 和 γ-C_2S 等，同时还有 Fe_2O_3、少量的方镁石（MgO）、Mg_2SiO_4 和 Al_2O_3。镁渣的主要成分为 Ca_2SiO_4，质量份额占到了 90.16%；其次是 Fe_2O_3 和 Al_2O_3，分别占到了 6.20% 和 0.63%。镁渣中的 Mg、Mg_2SiO_4 含量较少，说明试验用批次金属镁冶炼过程中的还原程度比较高。

表 1.2　镁渣物质组分

项目	成分				
	Ca_2SiO_4	Fe_2O_3	Al_2O_3	Mg	Mg_2SiO_4
质量含量/%	90.16	6.20	0.63	1.35	1.66

　　镁渣的主要成分为 C_2S，其质量含量占到 90% 以上。然而，C_2S 在不同温度下存在着五种晶体类型，分别是 α 型、$α'_H$ 型、$α'_L$ 型、β 型和 γ 型，如图 1.8 所示[10]。针对本研究的温度范围，镁渣主要存在两种晶体类型，高温时以 β-C_2S 为主，低温下以 γ-C_2S 为主。因此，自然冷却的镁渣中主要是 γ-C_2S。

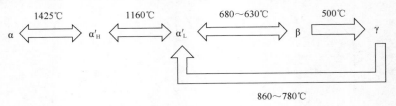

图 1.8　不同温度下 C_2S 晶型转变

　　γ-C_2S 属于 Pbnm 空间群，晶胞棱间交角 α=β=γ=90°，是低级晶族中的正交晶系。图 1.9(a) 为 γ-C_2S 晶胞，其中 Ca^{2+} 为 6 配位，配位规则，O^{2-} 电价饱和，晶体结构稳定，活性极低。β-C_2S 属于 P21/n 空间群，晶胞棱间交角 α=γ=90°、β=94.594°，是低级晶族中的单斜晶系[11]。β-C_2S 晶胞如图 1.9(b) 所示，Ca^{2+} 是以 6 配位和 8 配位混合的方式存在，配位不规则，阴阳离子电价失衡，从而产生大量的离子空位和间隙缺陷，造成了晶格的多种不规整性，化学性质活泼，活性较高。

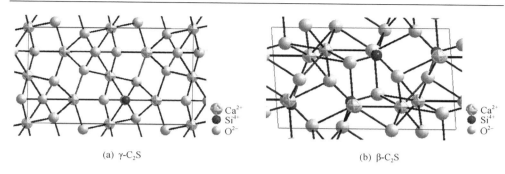

(a) γ-C₂S   (b) β-C₂S

图 1.9　C₂S 晶体的空间结构图

　　镁渣的出炉温度在 1100～1200℃，该温度下以 α'_L-C₂S 晶型居多。随着出炉镁渣温度的降低，α'_L-C₂S 逐渐转变为介稳态的 β-C₂S，在温度降低至 600℃ 以下后，β-C₂S 开始向 γ-C₂S 转变。由于密度相差较大，因此晶型转变时，会引起较大的体积效应，由 β-C₂S 转变为 γ-C₂S 时，体积发生膨胀，从而发生粉化[12]。镁渣中的钙主要以 β-C₂S 和 γ-C₂S 形式存在，游离的 CaO 很少。随着温度的降低，较高活性的 β-C₂S 大部分会转化为低活性(更为稳定)的 γ-C₂S。

　　因此，镁渣的反应活性整体较低。但是，镁渣遇水后，其中的部分物质会溶解，图 1.10 为不同水合温度下镁渣浆液的 pH，显然镁渣浆液呈现较强的碱性。当镁渣露天堆放时，伴随降雨将会对环境产生一系列影响。

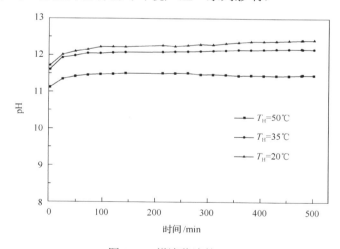

图 1.10　镁渣浆液的 pH

1.4　镁渣的环境危害

最近十年我国生产了 765.98 万 t 原镁，由此产生了 4590 多万吨的镁渣。由于目前尚无大量消纳镁渣的方法，所以多数情况下只能堆放。在运输和堆放过程中，根据镁渣的物理化学性质，其对环境将造成以下危害：

(1) 自然冷却的镁渣完全变成粉状，粒径小于 125μm 的镁渣占 86.28%，容易在运输和堆放过程中形成粉尘污染，对人体和动物的呼吸道构成严重危害[13]。

(2) 由于镁渣尚未得到合理和广泛的利用，目前大多数镁厂排出的镁渣都是作为废弃物堆放，占用了大量宝贵的土地资源[14]。

(3) 镁渣的主要成分硅酸钙以及其他钙、镁基化合物等，遇水后表现出强碱性，容易使土壤盐碱化和板结，严重破坏周围农作物赖以生存的土壤环境，使附近农业生产受到巨大损失；镁渣还会随雨水的冲淋汇入江河，使水体的 pH 增大，地下水体的安全性会遭到严峻挑战，威胁到人类的健康及生态系统的平衡[15]。

因此，有效合理地利用镁渣具有显著的社会效益和环境效益。

1.5　镁渣的潜在利用途径

镁渣的综合治理已成为镁冶炼工业清洁型发展的主要课题之一，很多学者对其进行了研究，以期高附加值、资源化地利用镁渣，将其变害为利，同时获得良好的环境效益和经济效益。镁渣应用的探索研究主要包括以下几个方面：

(1) 镁渣作为水泥熟料的替代材料。丁庆军等[16]将镁渣作为水泥添加材料进行了实验研究。研究发现，镁渣具有高于现有水泥原料(矿渣和熟料)的水泥活性，加之镁渣的易磨性优于熟料和矿渣，将镁渣代替部分熟料和矿渣用于水泥的生产过程，可以大幅降低水泥单位产品的综合能耗和成本，对于水泥生产企业具有一定的经济效益。

(2) 镁渣作为硅酸盐水泥煅烧配料。霍冀川等[17]将镁渣作为硅酸盐水泥熟料的配料，降低了熟料形成的反应表观活化能，加速了熟料矿物的形成，提高了熟料的强度。黄从运等[18]从机理上解释了镁渣作为硅酸盐水泥煅烧配料的添加剂可降低能耗的原因。研究指出，镁渣中的 β-C_2S、CF 等初级矿物降低了生料煅烧为熟料的晶体成核势能，起到了促进结晶的作用。因此，镁渣可以明显改善生料的易烧性。

(3) 镁渣作为新型墙体材料配料。赵爱琴[19]将镁渣磨细并与一定比例的细矿渣混合，加入复合激发剂后配制胶结料烧制具有强度高、密度小、耐久性好等特点的新型墙体材料。

关于镁渣作为水泥的掺和料生产镁渣硅酸盐水泥的尝试表明，镁渣冷却过程中，β-C_2S 会转变成 γ-C_2S，而 γ-C_2S 几乎没有水硬性。即便是 β-C_2S 在水泥中的活性也比较低，而且方镁石还会影响水泥的安定性。因此，2000 年国家曾禁止使用镁渣作为掺合料生产 GB175 和 GB1344 规定的水泥。当生产复合硅酸盐水泥时，对掺和料有严格的规定，需要确保水泥的安定性合格。所以，镁渣用于建材的消纳量也十分有限。

（4）镁渣作为脱硫剂。镁渣排出还原罐自然冷却后，在温度为 900℃（相当于循环流化床锅炉脱硫）的条件下进行脱硫反应，表现出一定的脱硫活性。但是，其活性很低，尚不能直接用于工程实际作为实用脱硫剂[20]。

任玉生等[21]将镁渣作为湿法烟气脱硫剂的研究指出，镁渣中的 Ca 和 Mg 在溶于水后会结合为钙-镁离子，与 SO_2 反应活性强，吸收速度快，脱硫塔对于 SO_2 的吸收效率可达 95%以上，并且此工艺设备简单，与常规湿法脱硫相比，投资可节省一半以上。

以上的探索研究表明，目前镁渣资源化的研究仍很不成熟，还需要进一步进行深入研究。

1.6　本书的主要内容

本书针对皮江法冶炼镁产生的废弃物镁渣，通过探索各种水合改性的方法，得出最佳的制备条件，以期将所制备的镁渣脱硫剂用于中高温条件下（循环流化床锅炉燃烧）烟气干法脱。本书主要内容包括：

（1）水合的基本过程与特征；

（2）镁渣水合脱硫剂的制备；

（3）镁渣水合脱硫剂的脱硫性能；

（4）镁渣/粉煤灰水合脱硫剂的脱硫性能；

（5）镁渣、镁渣/粉煤灰添加剂水合脱硫剂的脱硫性能；

（6）镁渣、镁渣/粉煤灰激冷添加剂水合脱硫剂的脱硫性能；

（7）水合脱硫剂以及脱硫产物的微观特征；

（8）镁渣激冷水合反应动力学；

（9）镁渣/粉煤灰水合脱硫剂的分形特征。

参 考 文 献

[1] 东北工业学院有色金属系轻金属冶炼教研室. 专业轻金属冶金学(第三册: 镁铍冶金)[M]. 北京: 中国工业出版社, 1961.

[2] 柴跃生, 孙钢, 梁爱生. 镁及镁合金生产知识问答[M]. 北京: 冶金工业出版社, 2005.

[3] 国家发展和改革委员会高技术产业司, 中国材料研究学会. 中国新材料产业发展报告(2005)[M]. 北京: 化学工业出版社, 2006.

[4] 曾小勤, 王渠东, 吕宜振, 等. 镁合金应用新进展[J]. 铸造, 1998, (11): 39-43.

[5] 李鹏业. 熔盐电解法取代皮江法生产金属镁的综合技术分析[J]. 化工管理, 2017, (25): 111.

[6] 徐日瑶. 我国皮江法炼镁工艺的技术差距和出路[J].轻金属, 1996, (2): 38-43.

[7] 王晖. 浅谈皮江法炼镁还原过程的影响因素[J]. 轻金属, 2000, (7): 46-48.

[8] 黄平, 张琦, 郭淑元, 等.我国镁资源利用现状及开发前景[J].海湖盐与化工, 2004, 33(6): 1-6.

[9] 崔自治, 杨建森. 镁渣水化惰性机理研究[J]. 新型建筑材料, 2007, (11): 54-55.

[10] 朱明, 胡曙光, 杨文. 机械力化学作用对硅酸二钙晶体结构的影响[J]. 水泥工程, 2006, (2): 9-13.

[11] Gobechiya E R, Yamnova N A, Zadov A E. Calcio-olivine γ-Ca$_2$SiO$_4$: I. Rietveld refinement of the crystal structure[J]. Crystallography Reports, 2008, 53(3): 404-408.

[12] 崔自治, 倪晓, 孟秀莉. 镁渣膨胀性机理试验研究[J]. 粉煤灰综合利用, 2006, (6): 8-11.

[13] 王建峰, 崔自治. 镁渣的研究利用现状[J]. 能源与节能, 2015, (3): 89-91.

[14] 章启军, 刘育鑫, 吴玉锋. 金属镁渣的回收利用现状[J]. 再生资源与循环经济, 2011, 4(6): 30-32.

[15] 李咏玲, 梁鹏翔, 范远, 等. 镁渣的资源利用特性与重金属污染风险[J]. 环境化学, 2015, 34(11): 2077-2084.

[16] 丁庆军, 李瑞, 胡曙光, 等.镁渣作水泥混合材的研究[J].水泥工程, 1998, (3): 37-39.

[17] 霍冀川, 卢忠远, 石荣铭, 等. 镁渣配料煅烧硅酸盐水泥熟料的研究[J]. 重庆环境科学, 2000, 22(1): 54-55.

[18] 黄从运, 何劲松, 张明飞, 等.镁渣替代石灰石配料烧制硅酸盐水泥熟料[J].新世纪水泥导报, 2005, (5): 27-28.

[19] 赵爱琴.利用镁渣研制新型墙体材料[J].山西建筑, 2003, 29(17): 48-49.

[20] 乔晓磊, 金燕. 金属镁冶炼还原渣脱硫性能的实验研究[J]. 科技情报开发与经济, 2007, 17(7): 185-187.

[21] 任玉生, 徐宁. 钙镁渣湿法烟气脱硫工艺的研究[J]. 科技情报开发与经济, 2007, 17(21): 171-172.

2 水合的基本过程

2.1 水合的基本反应

水合反应(也称水化反应)一般指溶质分子(或离子)和水分子发生作用，形成水合分子(或水合离子)的过程。水合反应为放热反应，其放出的热量称为水合热。一般的水合反应均为液固反应，即液相与固相的反应。在自然界和工业生产中均存在大量的水合反应。

2.1.1 火山灰反应

自然界最为典型的水合反应即火山灰反应，火山爆发形成喷发物质遇冷后形成火山灰。火山灰是多种物质的混合物，包括氢氧化钙($Ca(OH)_2$)、二氧化硅(SiO_2)、三氧化二铝(Al_2O_3)等成分。其中，硅质或硅铝质材料仅具有微小的胶凝性或不具有胶凝性，但是在遇水以及 $Ca(OH)_2$ 存在时即发生火山灰反应，形成具有胶凝性质的化合物$[(CaO)_x \cdot (SiO_2)_y \cdot (H_2O)_z$ 和 $(CaO)_x \cdot (SiO_2)_y \cdot (Al_2O_3)_z \cdot (H_2O)_w]$，如式(2-1)~式(2-4)所示[1]。

$$Ca(OH)_2 + SiO_2 + H_2O \rightarrow (CaO)_x(SiO_2)_y(H_2O)_z \qquad (2-1)$$

$$Ca(OH)_2 + Al_2O_3 + H_2O \rightarrow (CaO)_x(Al_2O_3)_y(H_2O)_z \qquad (2-2)$$

$$Ca(OH)_2 + SiO_2 + Al_2O_3 + H_2O \rightarrow (CaO)_x(Al_2O_3)_y(SiO_2)_z(H_2O)_w \qquad (2-3)$$

$$Ca(OH)_2 + Al_2O_3 + SO_3 + H_2O \rightarrow (CaO)_x(Al_2O_3)_y(CaSO_3)_z(H_2O)_w \qquad (2-4)$$

式中，x、y、z 和 w 为火山灰反应生成的一系列产物。

2.1.2 生石灰的水合反应

生石灰水合发生的化学反应，即石灰的消化，是生石灰变为熟石灰的过程，如式(2-5)所示。因为 $Ca(OH)_2$ 的溶解度为 0.13g/100gH$_2$O，所以，同时有一部分 $Ca(OH)_2$ 溶解于水中，如式(2-6)所示。生石灰水合后变为熟石灰发生的物理变化使石灰的尺度被显著细化，由原块状变为平均粒径为 14.7μm 的细小颗粒，其中 50% 的颗粒为超细颗粒(粒径＜6.5μm)[2]。生石灰与水反应生成熟石灰的过程，按消化速度的不同，得到的石灰又分为快速石灰(消化时间小于 10min)、中速石灰(消化时间为 10~30min)和慢速石灰(消化时间大于 30min)，这取决于石灰石的品质和石灰的煅烧的工艺[3]。

$$CaO + H_2O \rightarrow Ca(OH)_2 \tag{2-5}$$

$$Ca(OH)_2 \rightarrow Ca^{2+} + 2(OH)^- \tag{2-6}$$

2.1.3　水泥的水合反应

　　水泥是应用广泛的建筑材料,是以硅酸钙为主的硅酸盐水泥熟料和适量的石膏及规定的混合材料制成的水硬性胶凝材料。按混合材料的种类可分为:硅酸盐水泥、普通硅酸盐水泥、矿渣硅酸盐水泥、火山灰质硅酸盐水泥、粉煤灰硅酸盐水泥和复合硅酸盐水泥[4]。硅酸盐熟料的主要组分是硅酸盐水泥熟料,主要化学成分为氧化钙、二氧化硅和少量的三氧化二铝和三氧化二铁;主要矿物组成为硅酸三钙($3CaOSiO_2$-C_3S)、硅酸二钙($2CaOSiO_2$-C_2S)、铝酸三钙($3CaOAl_2O_3$-C_3A)和铁铝酸四钙($4CaOAl_2O_3Fe_2O_3$-C_4AF)。其中,C_3S 的质量含量为 45%~60%,C_2S 的质量含量为 15%~30%,C_3A 的质量含量为 6%~12%,C_4AF 的质量含量为 6%~8%。

　　硅酸盐水泥的水合过程如式(2-7)~式(2-11)所示[5]。

$$2(3CaO \cdot SiO_2) + 6H_2O \rightarrow 3CaO \cdot 2SiO_2 \cdot 3H_2O + 3Ca(OH)_2 \tag{2-7}$$

$$2(2CaO \cdot SiO_2) + 4H_2O \rightarrow 3CaO \cdot 2SiO_2 \cdot 3H_2O + Ca(OH)_2 \tag{2-8}$$

$$3CaO \cdot Al_2O_3 + 6H_2O \rightarrow 3CaO \cdot Al_2O_3 \cdot 6H_2O \tag{2-9}$$

$$\begin{aligned}4CaO \cdot Al_2O_3 \cdot Fe_2O_3 + 7H_2O \rightarrow \\ 3CaO \cdot Al_2O_3 \cdot 6H_2O + CaO \cdot Fe_2O_3 \cdot H_2O\end{aligned} \tag{2-10}$$

$$\begin{aligned}3CaO \cdot Al_2O_3 \cdot 6H_2O + 3CaSO_4 \cdot 2H_2O + 19H_2O \rightarrow \\ 3CaO \cdot Al_2O_3 \cdot 3CaSO_4 \cdot 31H_2O\end{aligned} \tag{2-11}$$

　　水泥熟料的四种矿物质遇水后开始溶解,在极短的时间内便能够与水发生水合反应。反应按照一定的方式靠多种引力相互搭接和联结形成水泥石的结构,从而产生强度,各矿物质的水合速率和水合产物的强度也不尽相同。按照水合速率排序,有如下规律:铝酸三钙>铁铝酸四钙>硅酸三钙>硅酸二钙。按照水合产物的最终强度排序,规律如下:硅酸二钙>硅酸三钙>铁铝酸四钙>铝酸三钙。

2.1.4　湿法冶金中的水合反应

　　在湿法冶金工艺中,用酸液或碱液处理粉矿石使得杂质得以分离,其主要的反应类型有[6]:

(1)硫酸处理氟磷灰石，得到磷酸和氟化氢，反应如式(2-12)所示。通过液-固反应生成新固相、液相和气相。

$$Ca_5F(PO_4)_3 + 5H_2SO_4 + 10H_2O \rightarrow$$
$$5CaSO_4 \cdot 2H_2O + 3H_3PO_4 + HF \tag{2-12}$$

(2)碱液处理硼镁矿石制得硼酸盐，反应如式(2-13)所示。

$$2MgO \cdot B_2O_3 + 4NaOH \rightarrow 2Mg(OH)_2 + 4NaBO_2 \tag{2-13}$$

(3)硫酸分解钛铁矿制取硫酸氧钛，反应如式(2-14)所示。

$$FeTiO_3 + 2H_2SO_4 \rightarrow TiOSO_4 + FeSO_4 + 2H_2O \tag{2-14}$$

(4)氟磷灰石被磷酸分解，得到磷酸盐和氢氟酸，反应如式(2-15)所示。

$$Ca_5F(PO_4)_3 + 7H_3PO_4 + 5H_2O \rightarrow 5Ca(H_3PO_4)_2 \cdot H_2O + HF \tag{2-15}$$

(5)盐酸与生石灰反应制取氯化钙，反应如式(2-16)所示。

$$CaO + 2HCl \rightarrow CaCl_2 + H_2O \tag{2-16}$$

2.2 影响水合过程的主要参数

水合反应作为一种液固之间的化学反应，其反应速度与完全程度，既与参与水合反应的反应物活性有关，也与水合反应过程的条件参数有关。

2.2.1 水合反应物的化学性质

物质的化学性质是指物质的分子或晶体起化学反应时显现的氧化性、还原性、酸性、碱性以及化学稳定性。化学稳定性是指物质在化学因素作用下保持原有物理化学性质的能力，即一个物质在某一个具体的反应或者某一类反应中容易反应的程度，也称为反应活性。反应活性取决于物质和反应体系的本质属性[7]。

化学反应的条件主要包括内因与外因两个方面，其中内因与物质本身的性质有关，譬如物质组分、孔隙结构、晶体结构、化学键结合方式、表观形貌、物质状态、密度、粒径等物理化学性质；外因则主要由外界条件决定，包括催化剂、反应温度、反应压力、搅拌作用、浓度等[8]。对于水合反应，反应物的性质以及所处的反应体系对水合反应的反应速度和反应程度会有决定性的影响。反应程度取决于反应体系的化学热力学特征、反应吉布斯自由能。反应速度则既与化学热力学特征有关，也与反应条件有关，包括体系的温度、反应物与生成物的浓度。促进大多数固体物质水合反应的方法有使用催化剂、提高反应温度、增大反应面积、增大反应物浓度、减小产物浓度等[9]。

2.2.2　水合过程的条件

水合过程的条件即水合参数，通常有以下几项。

1) 固体反应物的粒径

以生石灰/粉煤灰水合制备脱硫剂过程为例，由于生石灰的水合伴有放热过程，粉状的 CaO 水合反应时，释放的热量迅速被周围的液体吸收，反应不够剧烈，在石灰颗粒内部的热膨胀效应较弱。当采用块状 CaO 水合反应时，所制备脱硫剂的脱硫性能提高了近一倍[10]。

2) 水合温度

水合温度的升高有利于粉煤灰中 SiO_2、Al_2O_3 的大量溶出，有助于提高反应物表面活性、反应速率以及离子在液相中的迁移速率，从而生成更多的反应产物，并使其钙转化率增加。

3) 水合时间

相同条件下，当水合时间从 6h 增加到 8h 时，由于水合时间的增加使得水合效果更彻底，其钙转化率增加明显，并在 8h 时达到最佳，从 30.5%增加到 36.70%。而当水合时间继续增加到 10h 和 12h 时，其钙转化率却下降到 24.6%和 26.9%，这表明过长的水合时间反而削弱了水合效果，且过长的水合时间不利于水合脱硫剂的生成[11]。

4) 水合反应物的比例

对于非单一水合反应物体系而言，增加活性较差的反应物所获得的水合产物的性能会得到提高。例如，对于生石灰/粉煤灰水合制备脱硫剂过程，当粉煤灰的比例增加时，所获得的脱硫剂的脱硫性能基本呈线性增长[12]。

5) 液固比

液固比的增大可以使水合反应程度增大、反应速率常数变大，有利于水合反应的进行，且对水合反应后期的作用更加明显。

6) 添加剂

水合过程添加剂一般是通过改变溶液的酸碱性、溶液的物理性质、溶液中的某些离子浓度，从而影响水合反应。例如，生石灰/粉煤灰水合制备脱硫剂体系中，加入少量的酸，可以促进 Al_2O_3 的溶解[13]；而添加少量的碱，可以促进 SiO_2 的溶解，从而影响水合反应过程[14]。

水泥水合过程中，选择分子结构与水相似、易形成氢键、物化性质与水近似的物质作为混凝土添加剂以改善混凝土的性能。当该物质溶于水后，会使缔合水分子断裂至基本形式的四面体，从而易于与水泥硅氧四面体公用隔角生成水泥水合物。这样，既提高了水泥熟料矿物的水合率，也提高了水的利用率，添加剂中水溶性有机化合物分子的羟基、胺基的氢原子和水泥四面体中电负性很强的氧原子间产生强烈的作用而形成氢键，并生成分子间的结合体。这种有序的作用，使水泥的强度得到了提高[15]。

2.3　水合反应改性特征

一种或几种水合反应物质经过水合反应后生成了新物质，其物理化学性质均发生较大的改变。因此，从某种角度而言，水合过程也是一种改性的过程。

2.3.1　火山灰反应改性特征

以生石灰/粉煤灰水合制备脱硫剂过程为例进行分析[10]。

2.3.1.1　水合产物物理性质

水合后悬浊液中熟石灰的平均粒径为 14.7μm，均匀性指数为 1.72，50%的颗粒尺寸小于 6.5μm，粒径范围为 0.2～500μm。粉煤灰粒径变化不大。

水合反应物和水合脱硫剂的比表面积沿孔径的分布规律如图 2.1 所示。结果表明，水合反应物石灰和粉煤灰的比表面积均较小，经过水合反应后生成的产物（脱硫剂）的比表面积显著增加，与熟石灰的比表面积相当。研究还发现，粉煤灰经过水浸泡，比表面积几乎不变。所以，粉煤灰必须在石灰存在时才能发生水合反应。石灰/粉煤灰配比按 1∶4 计，水合反应前比表面积为 $1.7292m^2 \cdot g^{-1}$，水合后增加为水合前的 12.6 倍。熟石灰的比表面积在脱硫剂中的贡献只占 27%，而粉煤灰在水中浸泡后，比表面积也无本质变化。脱硫剂中熟石灰的质量仅占 1/4，显然脱硫剂比表面积的增加并不是仅由生石灰变为熟石灰比表面积的增加所致。

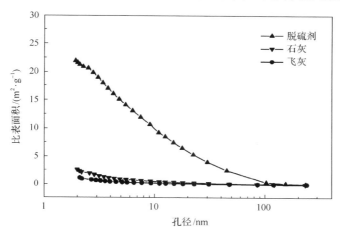

图 2.1　水合反应物及反应产物的比表面积

水合产物尺度的减小和比孔容积的增加同时引起了比表面积的增加。图 2.2 为相同条件下水合反应物和水合脱硫剂比孔容积微分的对比。从结果可以看出，脱硫剂的比孔容积、比表面积与石灰和粉煤灰相差很大。脱硫剂大孔（＞50nm）容积占整个孔容积的 46%，而中孔容积占整个孔容积的 54%。大孔的比表面积仅占总比表面积的 11.5%，中孔的比表面积占总比表面积的 88.5%。所以，脱硫剂中大孔的数量并不多，比表面积大部分是中孔产生的。从比孔容积微分分布可以看出，脱硫剂与熟石灰的最可几孔径基本一致，在 30nm 左右。因此，水合过程形成的脱硫剂中孔的数量显著增加，而这些中孔对于脱硫剂活性的提高起关键作用。

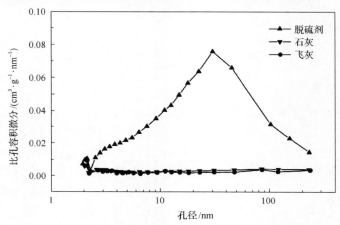

图 2.2　水合反应物及反应产物比孔容积微分

扫描电子显微镜（scanning electron microscope, SEM）是通过一束极细的高能入射电子对导电（或经重金属微粒处理过）试样表面进行轰击，通过试样发射出的次级电子与物质的相互作用，获取固体试样的表观形貌、结构以及组成等信息。水合反应后，产物的微观形貌也发生了很大的变化。图 2.3 为石灰、粉煤灰和水合脱硫剂的 SEM 图。原始粉煤灰由于高温烧结，大部分颗粒为规则的球形，而粉状石灰则不同，形状极其不规则。经过水合过程所制备的脱硫剂形貌发生了很大的变化，火山灰反应形成了水合脱硫剂，从光滑的外表变为粗糙的外表，同时，颗粒的表面还生成了一些针状晶体。

2.3.1.2　水合产物化学性质

图 2.4 为石灰和水合脱硫剂（脱硫剂）在相同的脱硫反应条件下（温度为 350℃，SO_2 浓度为 5714mg·m^{-3}，O_2 浓度为 5%，N_2 为平衡气），在热重分析仪（thermal gravimetric analyzer, TGA）的脱硫反应结果[10]。从结果可以看出，经过水合反应，脱硫剂的活性大幅度提高，为石灰的 12.0 倍；在经过 20min 反应后，达到最终钙转化率的 80%以上。因此，经过水合获得的产物，脱硫性能远优于普通石灰。

(a) 粉煤灰

(b) 石灰

(c) 脱硫剂

图 2.3 水合反应物及反应产物表观形貌

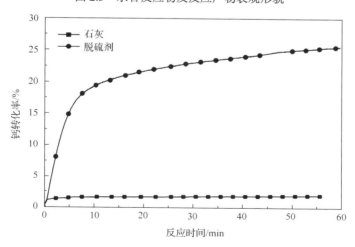

图 2.4 水合反应物及反应产物钙转化率

2.3.2　水泥水合反应改性特征

以粉煤灰硅酸盐水泥为例分析水泥水合反应改性特征[16]。粉煤灰在形成过程中经历了高温，冷却后结构中保留一定量的玻璃质物质，具有一定的潜在活性。粉煤灰的活性主要来自活性 SiO_2（玻璃体 SiO_2）和活性 Al_2O_3 在一定碱性条件下的水合作用。因此，粉煤灰中活性 SiO_2、活性 Al_2O_3 和游离氧化钙（f-CaO）都是活性成分。硫在粉煤灰中一部分以可溶性石膏（$CaSO_4$）的形式存在，它对粉煤灰早期强度有一定作用。因此，粉煤灰中的硫对粉煤灰活性也是有利成分。粉煤灰中的钙含量在 3%左右，它对胶凝体的形成是有利的。粉煤灰中少量的 MgO、Na_2O、K_2O 等生成较多玻璃体，在水合反应中会促进碱硅反应。在粉煤灰水泥水合过程中，首先是水泥熟料矿物水合，此过程中释放 $Ca(OH)_2$[17,18]。$Ca(OH)_2$ 与粉煤灰中的活性组分发生火山灰反应，生成水合硅酸钙和水合铝酸钙。火山灰反应减少了系统中 $Ca(OH)_2$ 的含量，可以加速水泥熟料的水合，反应如式(2-17)和式(2-18)所示。

$$2Ca(OH)_2 + SiO_2 \rightarrow 2CaO \cdot 2H_2O \tag{2-17}$$

$$2Ca(OH)_2 + SiO_2 + mH_2O \rightarrow \\ xCaO \cdot 2SiO_2 \cdot yH_2O + (2-x)Ca(OH)_2 \tag{2-18}$$

活性 Al_2O_3 与 $Ca(OH)_2$ 反应，生成铝酸三钙 $3CaO \cdot Al_2O_3$，其水合反应如式(2-19)和式(2-20)所示。

$$3Ca(OH)_2 + Al_2O_3 \rightarrow 3CaO \cdot Al_2O_3 + 2H_2O \tag{2-19}$$

$$2(3CaO \cdot Al_2O_3) + 27H_2O \rightarrow \\ 4CaO \cdot Al_2O_3 \cdot 19H_2O + 2CaO \cdot Al_2O_3 \cdot 8H_2O \tag{2-20}$$

2.3.2.1　水泥水合产物物理性质

水泥水合后，最突出的变化即水硬性。水泥加水拌合后成为既有可塑性又有流动性的水泥浆，同时发生水合反应。随着反应的进行，45min 后，逐渐失去流动能力，达到"初凝"。待完全失去可塑性、开始产生结构强度时，即为"终凝"，时间不大于 390min[19]。随着水合反应的继续，浆体逐渐转变为具有一定强度的坚硬固体水泥石，即为硬化。某粉煤灰水泥，抗压强度 3 天可达 10.0MPa，28 天可达 32.5MPa；抗折强度 3 天可达 2.5MPa，28 天可达 5.5MPa。

2.3.2.2 水泥水合产物化学性质

水合是水泥产生凝结硬化的前提,而凝结硬化则是水泥水合的结果。在正常使用的条件下,水泥的强度会不断增长,具有较好的耐久性。图 2.5(a)、(b) 和 (c) 分别为水泥水合不同阶段晶体演化示意图。

(a) 原始的水泥　　　　　　(b) 开始结晶的水泥　　　　　(c) 完全结晶后的水泥

图 2.5　水泥水合过程 SEM 图

但是,如果水泥石长期处在腐蚀性液体中,会逐渐受到侵蚀而变得疏松,强度下降,甚至被破坏。

(1) 水泥石长期与软水接触,水泥石中的 $Ca(OH)_2$ 会被溶出,一方面使水泥石变得疏松,另一方面也使水泥石的碱度降低,导致其他水合产物的分解溶蚀[20]。

(2) 水泥石与酸性溶液接触,同样会与其中的 $Ca(OH)_2$ 反应,生成的产物或溶于水或体积膨胀,导致破坏。

(3) 水泥石与含有 $MgCl_2$ 或 Mg_2SO_4 的废水接触,可与水泥石中的 $Ca(OH)_2$ 发生置换反应,生成易溶于水的 $CaCl_2$ 和无胶结能力的 $Mg(OH)_2$,或 SO_4^{2-} 会生成二水石膏,使得体积膨胀。

(4) 水泥石中的 $3CaO \cdot Al_2O_3$ 在与强碱溶液 $NaOH$ 接触时,生成易溶的 $3Na_2O \cdot Al_2O_3$,造成溶出性侵蚀。

2.4　小　　结

本章介绍了火山灰反应、生石灰水合反应、水泥的水合反应以及湿法冶金中的水合反应等四种基本的水合反应过程;分析了水合反应物的化学活性及水合过程的温度、时间等参数对典型水合过程的影响,总结了典型水合改性产物的比表面积、比孔容积以及表观形貌等特征。

参 考 文 献

[1] 王慧. 飞灰/Ca(OH)₂水合脱硫剂制备及脱硫效果实验研究[D]. 天津: 天津大学, 2004.

[2] 贾尚华. 石灰水泥复合土固化机理及力学性能的试验研究[D]. 呼和浩特: 内蒙古农业大学, 2011.

[3] 张大通, 董芃. 生石灰水合活性试验研究[J]. 油气田地面工程, 2004, 23(10): 20-21.

[4] 刘松辉, 魏丽颖, 周双喜, 等. 高强低钙硅酸盐水泥研究进展[J]. 硅酸盐通报, 2014, 33(3): 553-557.

[5] 王松成. 建筑材料[M]. 北京: 科学出版社, 2012.

[6] 刘荣杰, 郝红, 卫志贤, 等. 多相反应与反应器[M]. 北京: 中国石化出版社, 2012.

[7] 许越. 化学反应动力学[M]. 北京: 化学工业出版社, 2005.

[8] 吴俊明, 赵艳艳. 反应条件对化学反应产物的影响及其教学[J]. 化学教学, 2007, (12): 6-8.

[9] 孙梅. 探究反应条件(催化剂、浓度、温度)对化学反应速率的影响[J]. 现代阅读: 教育版, 2012, (11): 423.

[10] 樊保国. 第四个窗口——中温干法烟气脱硫研究[D]. 北京: 清华大学, 2002.

[11] 樊保国, 杨靖, 刘军娥, 等. 镁渣脱硫剂的水合及添加剂改性研究[J]. 热能动力工程, 2013, 28(4): 415-419.

[12] 王建宏, 齐美富. 石灰/粉煤灰水合反应制备高活性脱硫剂机理分析[J]. 环境工程学报, 2003, 4(5): 34-36.

[13] Mobley J D, Cassidy M A, Dickerman J C. Organic acids can enhance wet limestone flue gas scrubbing[J]. Power Engineering, 1986, 90(5): 32-35.

[14] Peterson J R, Rochelle G T. Aqueous reaction of fly ash and Ca(OH)₂ to produce calcium silicate absorbent for flue gas desulfurization[J]. Environmental Science and Technology, 1988, 22(11): 1299-1304.

[15] 蔡希高. H键在水泥水化中的作用[J]. 广西土木建筑, 1996, 1(12): 171-177.

[16] 蒋蓉. 粉煤灰硅酸盐水泥的研制[J]. 建材世界, 2005, 26(4): 27-29.

[17] 潘钢华, 王爱勤, 孙伟, 等. 改善粉煤灰早期性能的两个措施[J]. 东南大学学报, 1998, 28(1): 97-102.

[18] 李大和. 粉煤灰水化机理浅析[J]. 矿业研究与开发, 1999, 19(5): 15-19.

[19] 邓广辉, 黄智, 王超逸. 水泥混凝土凝结时间的研究[J]. 山西建筑, 2013, 39(32): 99-100.

[20] 邓中正, 杨华全, 李响, 等. 水泥基材料的溶蚀劣化研究进展与评述[J]. 人民长江, 2016, 47(18): 101-105.

3 镁渣水合制备脱硫剂

研究表明,镁渣冷却后直接用于中高温(850～950℃——循环流化床锅炉燃烧温度)脱硫条件下有一定的固硫作用,但是脱硫活性不高,低于生石灰(石灰石煅烧后)的脱硫性能。如果将镁渣直接作为脱硫剂,脱硫装置要获得较高的脱硫效率,镁渣的加入量就需要很多,会影响同时进行的燃烧过程。根据前文已获得的镁渣的物理化学性质,可以通过对镁渣采取一些前处理手段以提高其脱硫活性,使其成为低成本、以废治污、具有实用价值的脱硫剂。

提高固体脱硫剂活性的技术措施主要有:①水合活化和蒸汽活化;②与其他物质混合制备高活性脱硫剂;③使用添加剂。典型的钙剂脱硫剂干法烟气脱硫过程属于气固反应。在反应过程中,除了在脱硫剂的表面发生反应外,反应气体还应该向脱硫剂内部扩散并与之发生反应,否则脱硫剂的利用率(转化率)就会比较低。随着脱硫反应的进行,脱硫反应产物(固体)会导致脱硫剂颗粒内部的孔隙随着反应产物的不断增多而逐渐堵塞,从而增加产物层内的扩散阻力,使反应速度逐渐的减慢直到停止。所以,脱硫反应的最终转化率受制于气相组分在脱硫剂颗粒孔隙内部和产物层中的扩散阻力。改善脱硫剂的孔隙结构特性、减小扩散阻力是提高脱硫剂转化率的有效手段。

3.1 镁渣水合脱硫剂的制备

用水合的方法或蒸汽处理的方法提高钙基脱硫剂钙利用率最初是由美国阿贡国家实验室(Argonne National Laboratory)的 Shearer 提出[1],之后,基于火山灰反应的粉煤灰石灰制备脱硫剂的相关内容,许多学者进行了系统的研究[2]。与其他方法相比,水合的方法具有简单和成本低的特点。

3.1.1 镁渣水合试验装置

在镁渣的矿物组成中,除了含有 β-C_2S 和 γ-C_2S 等,还有 Fe_2O_3 和少量的方镁石(MgO),游离的 CaO 很少。镁渣排出还原罐后,在自然冷却条件下,镁渣团球很快粉化。借助于火山灰反应和水泥水合反应的原理,本研究首先对自然冷却的镁渣进行水合处理制备脱硫剂。

水合反应在如图 3.1 所示的试验装置中进行。试验装置由反应器、可调速搅拌器和可控温水浴组成。

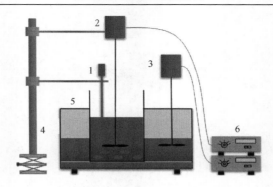

图 3.1　镁渣水合反应装置

1. 温度传感器；2. 电动搅拌器；3. 恒温水浴搅拌器；4. 恒温水浴锅；5. 烧杯；6. 搅拌器控制器

3.1.2　镁渣水合参数设计

在水合活化制备脱硫剂的过程中，原料的种类、颗粒粒径以及活化过程的温度、时间等都直接影响着脱硫剂的性能。Al-Shawabkeh 等[3]将白云石在 850℃的条件下锻烧成石灰，并分别加入 20℃、40℃和 80℃的水进行水合处理，然后再在 850℃的条件下干燥，制成脱硫剂。在这个过程中发现，用 80℃的水进行水合处理 1h 得到的脱硫剂固硫效果最好。所制备的脱硫剂的比表面积和比孔容积与未经处理的石灰相比分别增加了 4 倍和 5 倍，在温度为 800～900℃、SO_2 体积浓度为 0.11%～0.31%的烟气中的固硫能力也提高了 1.3～1.6 倍。

在本研究中，对于自然冷却的镁渣，设计了水合温度 T_H、水合过程液固比 L/S、水合时间 t_H 等参数，考察不同的制备条件下，镁渣水合脱硫剂的脱硫性能和微观特性，从而分析镁渣水合制备脱硫剂性能改进的原理。

试验用镁渣的成分如表 1.2 所示。

镁渣水合脱硫剂制备程序如下：

（1）根据反应器的水容积，按照设定的液固比参数（10、8 和 5）称取不同质量的镁渣，置入反应器；

（2）设定水合温度（90℃、80℃、60℃和 40℃）；

（3）启动搅拌装置，设定转速（300rpm）；

（4）达到规定的反应时间（1h、4h 和 8h），停止反应；

（5）对浆液过滤，并对固形物在 300℃的条件下干燥（1h）；

（6）将产物干燥后研磨，并通过 250μm 的标准筛筛分后置入干燥器。

完成以上步骤，即获得不同水合条件下的镁渣脱硫剂。

3.2 镁渣水合脱硫剂的特征分析

3.2.1 镁渣水合脱硫剂的矿物组成

图 3.2 为水合温度为 90℃、水合时间为 8h、液固比为 5 的制备参数下，镁渣水合脱硫剂的 XRD 结果。与镁渣相比较（图 1.7），经过水合过程，β-C$_2$S 衍射峰强度降低，产物中出现了 Ca(OH)$_2$，符合水合过程中浆液 pH 的变化特性（图 1.10），这表明镁渣水合过程中，少量游离的 CaO 和 C$_2$S 中的钙会溶解，生成 Ca(OH)$_2$，并促进了 β-C$_2$S 的溶解，因此可提高水合产物活性。而原镁渣中镁的化合物大部分溶于水，形成非晶态的水合产物，无法在 XRD 中观测到。

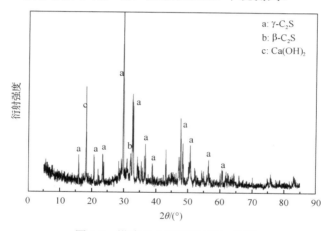

图 3.2 镁渣水合脱硫剂 XRD 分析

3.2.2 镁渣水合脱硫剂的微观特征

对于固体物质，比表面积和比孔容积是表征其气固、液固反应活性的主要参数。根据国际理论化学与应用化学联合会（International Union of Pure and Applied Chemistry, IUPAC）的规定，孔的尺寸分为三类：孔径为 0.8～2nm 的称为微孔；孔径大于 50nm 的称为大孔或宏观孔；孔径在 2～50nm 之间的称为介孔[4]。本研究中，借助氮吸附仪并通过计算获得脱硫剂等的比表面积和比孔容积等微观参数。氮吸附使处于氮气氛下的试样于液氮温度下发生物理性吸附，并检测吸附平衡时的吸附压力和所吸附 N$_2$ 的流量，从而通过试样单分子层的吸附量来计算其比表面积等，即 BET（brunauer-emmett-teller）方法，如式（3-1）所示。

$$\frac{P}{V(P_0 - P)} = \frac{1}{V_m C} + \frac{C-1}{V_m C} \times \left(\frac{P}{P_0}\right) \tag{3-1}$$

式中，P 为 N_2 的分压，Pa；P_0 为 N_2 在液氮温度下的饱和蒸气压力，Pa；V 为试样的实际吸附量，$mL \cdot g^{-1}$；V_m 为 N_2 的单层饱和吸附量，$mL \cdot g^{-1}$；C 为与试样吸附能力相关的一个常数。

比孔容积按 BJH（barrett-joyner-halenda）方法计算，如式（3-2）所示。

$$R_k = \frac{-2\gamma \cdot V'}{RT \ln(P / P_0)} \tag{3-2}$$

式中，R_k 为 N_2 在 P/P_0 下发生毛细凝聚时的临界孔半径，nm；γ 为 N_2 在沸点时的表面张力，$N \cdot m^{-1}$；V' 为 N_2 的摩尔体积，$m^3 \cdot mol^{-1}$；R 为气体摩尔常数，$J \cdot (K \cdot mol)^{-1}$；$T$ 为 N_2 的沸点温度，K；P 为 N_2 的压力；P_0 为 N_2 在液氮温度下的饱和蒸气压力，Pa。

3.2.2.1　镁渣水合脱硫剂的比孔容积与比表面积

图 3.3 为镁渣以及镁渣水合脱硫剂的比孔容积分布，图 3.4 为镁渣以及镁渣水合脱硫剂的比表面积分布，表 3.1 为比孔容积与比表面积的统计结果。结果表明，原始镁渣比孔容积非常小。经过水合后，镁渣的比孔容积分布发生了较为明显的增加，见表 3.1。孔径大于 20nm 的孔占绝大多数，其中，孔径大于 20nm 的比孔容积由 50.54% 增加到 56.29%，孔径大于 60nm 的比孔容积由 36.54% 增加到 43.57%，大孔的数量明显增加。总比孔容积由 $3.6 \times 10^{-3} cm^3 \cdot g^{-1}$ 增加到 $12.387 \times 10^{-3} cm^3 \cdot g^{-1}$。比孔容积和比表面积的增加为脱硫反应的进行提供了积极的条件。镁渣水合脱硫剂的比表面积由原来的 $0.544 m^2 \cdot g^{-1}$ 增加到 $3.999 m^2 \cdot g^{-1}$。

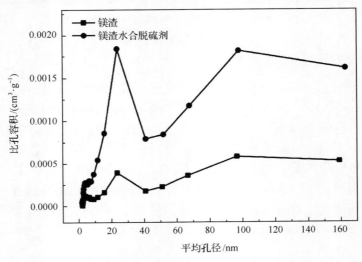

图 3.3　镁渣和镁渣水合脱硫剂比孔容积分布

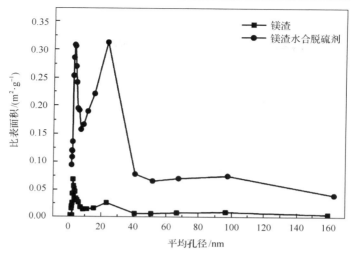

图 3.4 镁渣和镁渣水合脱硫剂比表面积分布

表 3.1 镁渣和镁渣水合脱硫剂比表面积和比孔容积

样品	比表面积/($m^2 \cdot g^{-1}$)				比孔容积/($10^{-3} cm^3 \cdot g^{-1}$)			
	微孔	介孔	大孔	合计	微孔	介孔	大孔	合计
镁渣	0.036	0.480	0.029	0.544	0.043	1.872	1.685	3.600
镁渣水合脱硫剂	0.214	3.536	0.249	3.999	0.098	6.849	5.440	12.387

3.2.2.2 镁渣水合脱硫剂的晶体结构

对比图 1.7 与图 3.2 镁渣水合前后的 XRD 分析结果，在获得其物相组成的同时，还可得到镁渣水合前后 γ-C_2S 和 β-C_2S 的含量和晶胞参数以及晶粒尺寸的改变。采用 Rietveld 方法对 XRD 数据进行全谱拟合精修，可以获得样品的晶胞参数。采用 K 值法可以获得镁渣中 γ-C_2S 和 β-C_2S 所占的质量分数，K 值法所用公式如式 (3-3) 所示。

$$W_i = K_i^S \times \frac{I_i}{I_S} \times \frac{W_S}{100 - W_S} \times 100 \qquad (3\text{-}3)$$

式中，W_i 为待测相 i 的含量，%；K_i^S 为参考相 S 与 i 相含量 1∶1 时的强度比；I_i、I_S 为样品中 i 相和参考相 S 的衍射强度；W_S 为参考相 S 的掺入量，%。

晶胞参数和晶型含量分别如表 3.2 和表 3.3 所示。

由表 3.1 和表 3.2 中结果可知，镁渣水合后，晶胞参数变化不大，β-C_2S 含量增加，γ-C_2S 含量减少。γ-C_2S 无胶凝性，无水合活性，而 β-C_2S 是一种胶凝性物质，具有水合活性，可以生成非晶态的水合硅酸钙 (C-S-H)。生成的 C-S-H 与 β-C_2S 相比，有着更好的吸附能力。同时，镁渣的晶粒较大，而镁渣水合脱硫剂晶粒尺寸减小，相应的脱硫性能较高。

表 3.2　镁渣和镁渣水合脱硫剂晶胞参数

工况及晶型		晶胞棱长/nm			晶胞棱间角/(°)		
		a	b	c	α	β	γ
镁渣	β-C₂S	9.8876	6.7423	5.5340	90.00	94.16	90.00
	γ-C₂S	5.0666	11.2026	6.7426	90.00	90.00	90.00
镁渣水合脱硫剂	β-C₂S	9.1231	6.7230	5.5151	90.00	94.43	90.00
	γ-C₂S	5.0646	11.1826	6.7226	90.00	90.00	90.00

表 3.3　镁渣和镁渣水合脱硫剂组分及晶粒尺寸

工况及晶型		含量/%	晶粒尺寸/nm
镁渣	β-C₂S	6.3	122.5
	γ-C₂S	83.6	
镁渣水合脱硫剂	β-C₂S	17.73	72.8
	γ-C₂S	70.46	

3.2.3　镁渣水合脱硫剂的表观形貌

图 3.5(a) 和(b) 分别为镁渣和水合温度为 90℃、水合时间为 8h、液固比为 5 的制备参数下制备的镁渣水合脱硫剂的 SEM 图。从结果可以看出，镁渣在水合前后表观形貌发生了明显的变化，水合后产物表面出现大量的絮状物质，其中，部分块状堆积物与 $Ca(OH)_2$ 的六面体块状结晶相似，针刺状与小颗粒均被絮状水合产物覆盖，与前述 XRD 结果一致。

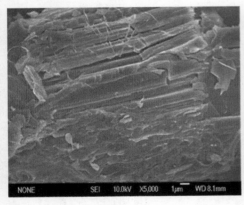

(a) 镁渣　　　　　　　　　　　　　　(b) 镁渣水合脱硫剂

图 3.5　镁渣与镁渣水合脱硫剂表观形貌

3.3 镁渣水合脱硫剂的脱硫性能

3.3.1 脱硫系统装置及脱硫性能评价方法

本研究以 TGA 作为脱硫反应器的脱硫系统来评价镁渣水合脱硫剂的脱硫性能，脱硫试验系统如图 3.6 所示。系统由 TGA、质量流量控制器、配气瓶以及数据记录设备等部件组成。

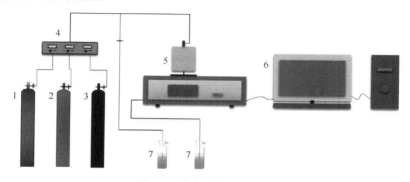

图 3.6　脱硫反应试验系统

1. 二氧化硫气瓶；2. 氧气气瓶；3. 氮气气瓶；4. 流量控制器；5. TGA；6. 计算机；7. 洗气瓶(NaOH)

本研究基于脱硫反应的应用背景(循环流化床锅炉炉内脱硫)，设计了温度为 $850 \sim 1000 ℃$ (温度参数)、SO_2 浓度为 $8571.43 mg \cdot m^{-3}$ (较高的 SO_2 浓度可以缩短脱硫反应时间)、O_2 浓度为 5.0% 的反应气氛条件。根据使用 TGA 的特性，气路分为两路，一路气为保护气，二路气为反应气。进入炉体的总气量为 $800 mL \cdot min^{-1}$，其中 SO_2 为 $12 mL \cdot min^{-1}$、O_2 为 $24 mL \cdot min^{-1}$、N_2 为 $763 \cdot mL \cdot min^{-1}$。

镁渣水合脱硫剂的脱硫反应试验步骤如下：

(1)称取镁渣水合脱硫剂样品 10mg；

(2)将样品均匀平摊于坩埚内，形成有些许孔隙的薄层；

(3)将坩埚放入 TGA 炉内；

(4)设置升温速率、保温时间以及不同气路的气量分配，在室温与脱硫反应温度之间，将升温速率设为 $25 ℃ \cdot min^{-1}$，同时在设计温度条件下保温 70min；

(5)达到设计脱硫温度时通入 SO_2，开始脱硫反应；

(6)试验结束后，关闭 TGA 及配气系统。

对于一个连续过程的开口体系，在固定的脱硫反应条件下，该装置的性能可以采用脱硫效率 η 评价，如式(3-4)所示。此时，消耗的脱硫剂可用脱硫剂与 SO_2 的摩尔流率比值(钙基脱硫剂常用 Ca/S)表征，而脱硫剂利用的程度(转化率 Cr 或利用率)与脱硫效率和摩尔流率比之间存在式(3-5)的关系。在稳定的脱硫反应体系中，在确定 Ca/S 的条件下，系统的脱硫效率高，则脱硫剂的转化率也高。因此，可以用脱硫剂的转化率表征脱硫剂的性能。对于本研究采用的脱硫反应装置，反应气氛等条件稳定，随着反应的进行，脱硫剂逐渐生成脱硫产物，此过程中，Ca/S 是随时间变化的，为非稳态过程。所以，镁渣水合脱硫剂脱硫性能评价可以通过脱硫剂在给定反应时间内钙的转化率来表征，转化率的定义如式(3-6)所示。

$$\eta = \frac{C_i - C_o}{C_i} \times 100 \qquad (3-4)$$

$$\eta = (Ca/S)Cr \qquad (3-5)$$

$$Cr = \frac{(\Delta m - \Delta i) \times 40}{80 \times m_0 \times 44.04\%} \times 100\% \qquad (3-6)$$

式中，C_i 为反应装置进口 SO_2 浓度，$mg \cdot m^{-3}$；C_o 为反应装置出口 SO_2 浓度，$mg \cdot m^{-3}$；Cr 为镁渣脱硫剂的钙转化率，%；Δm 为脱硫反应质量增加值，mg；Δi 为脱硫反应各时刻增重的修正，mg；m_0 为镁渣脱硫剂质量，mg；40 为 Ca 的摩尔质量，g；80 为 SO_3 的摩尔质量，g；44.04 为镁渣中 Ca 的质量含量，%。

3.3.2　镁渣水合脱硫剂的钙转化率

图 3.7 为镁渣和镁渣水合脱硫剂(水合温度为 90℃、水合时间为 8h、液固比为 5)的钙转化率结果对比，脱硫反应温度为 950℃。显然，自然冷却的镁渣经过 60min 的反应时间，最终的钙转化率仅为 9.3%。而镁渣水合脱硫剂在相同的脱硫反应条件下的最终的钙转化率略有提高，为 9.42%。当然，最终的钙转化率的绝对值仍比较小。

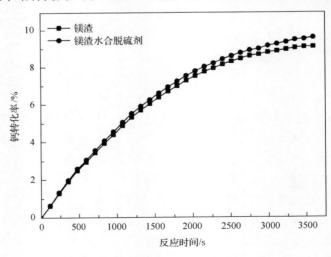

图 3.7　镁渣和镁渣水合脱硫剂钙转化率

在循环流化床锅炉炉内脱硫的反应条件下,炉膛温度会随着锅炉负荷在一定范围变化。图3.8为镁渣水合脱硫剂基于循环流化床锅炉炉膛温度变化范围的钙转化率结果(水合温度为90℃、水合时间为8h、液固比为5)。结果发现,镁渣经过水合制备的脱硫剂,在不同的脱硫反应温度条件下,脱硫剂的钙转化率也有差异。850℃的条件下,镁渣水合脱硫剂经过60min脱硫反应,钙转化率为7.16%;900℃条件下,钙转化率为8.47%;950℃条件下,钙转化率为9.42%;1000℃条件下,钙转化率下降为9.31%。这是因为随着温度的提高,脱硫反应的化学平衡会向逆反应移动。综合热力学和动力学的结果,对于自然冷却水合镁渣,适宜的脱硫温度为950℃。

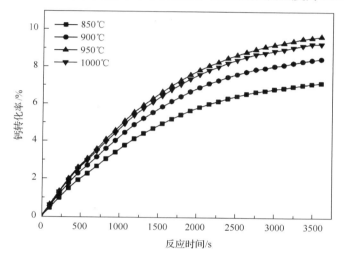

图3.8 脱硫温度对镁渣水合脱硫剂钙转化率的影响

结果表明,镁渣经过水合处理后,脱硫性能有一定的提高。但是,镁渣水合脱硫剂脱硫性能的提高仍极其有限,无法与前文提及的石灰/粉煤灰水合制备脱硫剂的性能相比,仍需要进一步探索提高镁渣脱硫活性的方法。

3.4 镁渣/粉煤灰水合脱硫剂的特征分析

粉煤灰主要是由SiO_2、Al_2O_3、Fe_2O_3和CaO等组成,其中不定形的SiO_2和Al_2O_3能在常温有水的情况下和碱金属或碱土金属反应,即火山灰反应[5]。许多研究表明,粉煤灰和石灰浆液之间的火山灰反应生成的产物甚至比石灰浆液有更强的脱硫能力。同时,SiO_2和Al_2O_3是多孔介质,有利于脱硫过程中气固反应的气相扩散。粉煤灰也是燃煤电站的副产品,尽管已有一些利用粉煤灰的技术,如将粉煤灰作为水泥掺合料或混合料,但是消纳能力有限,相当多的一部分粉煤灰仍需要在储灰场堆放[6~8]。

　　近三十年来，不少学者进行了大量利用粉煤灰通过水合过程制备高效钙剂脱硫剂的相关研究。1986 年，日本学者 Ueno[9]在美国申报了利用 CaO、CaSO₄、粉煤灰水合，生产脱硫剂的专利。Jozewicz 等[10]发现，92℃时石灰浆/粉煤灰经 6h 的水合后，在喷雾干燥条件下脱硫反应的 Ca(OH)₂转化率为 80%。吴葆春发现[11]，经水合反应的脱硫剂具有很高的 SO₂吸收能力，粉煤灰加入的越多，脱硫剂钙转化率越高。Jozewicz 等[12,13]由 Ca(OH)₂和粉煤灰制备的脱硫剂，其转化率数倍于单独使用 Ca(OH)₂时的转化率，粉煤灰加入的越多，钙转化率越高；当石灰/粉煤灰之比为 1∶21、水合时间为 8h 时，转化率达到 80%；作者认为水合形成了高比表面积的新物质，如 CaO·SiO₂·H₂O。Martinez 等[14]将 Ca(OH)₂和粉煤灰水合，提高水合温度和延长水合时间会使水合脱硫剂比表面积增加，而 Ca(OH)₂和粉煤灰配比影响不明显。Izquierdo 等[15]的相关研究表明，水合温度与水合时间对比表面积的增加有积极作用，而粉煤灰与水的配比对比表面积的影响不大。Al-Shawabkeh 等[16]发现，水合温度影响脱硫剂的活性。时黎明等[17]认为，粉煤灰与钙基脱硫剂的混合物水合反应时，形成的水合脱硫剂的比表面积显著增加，从而活性提高。Li[18]将石灰/粉煤灰在不同水合条件下所制备的脱硫剂用于温度为 450℃、SO₂浓度为 10488mg·m⁻³ 的条件下脱硫，制备的脱硫剂钙转化率达 60.70%。

　　借鉴以上结论，本研究拟将镁渣和粉煤灰混合，利用粉煤灰的火山灰特性以及镁渣浆液呈碱性的特点，期望通过镁渣/粉煤灰的水合反应，使制得的镁渣/粉煤灰水合脱硫剂的脱硫性能有所提高。

3.4.1　镁渣/粉煤灰水合脱硫剂的矿物组成

　　镁渣/粉煤灰水合反应试验在如图 3.1 所示的反应装置中进行。在镁渣/粉煤灰水合体系中，水合反应的条件与镁渣单独水合不同的是水合反应物增加了粉煤灰，因此，粉煤灰与镁渣的配比为该体系中另外增加的一个反应条件，即本研究设计了灰钙比 M_R、水合时间 t_H、水合温度 T_H 以及液固比 L/S 等水合参数，考察在不同的水合反应条件下对镁渣/粉煤灰水合脱硫剂性能的影响。

　　试验用粉煤灰成分分析见表 3.4，XRD 分析结果如图 3.9 所示。显然，粉煤灰的主要矿物成分是无定型的 SiO₂ 和莫来石(Al₄SiO₈)。

表 3.4　粉煤灰物质组成

项目	成分						
	SiO₂	Al₂O₃	Fe₂O₃	CaO	K₂O	MgO	Na₂O
质量含量/%	54.37	32.59	6.25	2.11	0.90	0.60	0.15

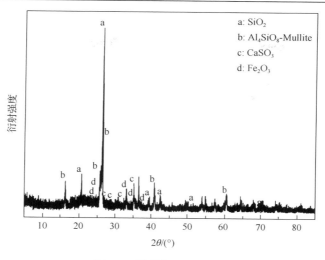

图 3.9　粉煤灰 XRD 分析

经过水合过程，制得脱硫剂(水合温度为 90℃、水合时间为 8h、液固比为 5、灰钙比为 20) XRD 结果如图 3.10 所示。结果发现，水合产物中出现了来自于粉煤灰的 SiO_2，还有新生成的 Al_4SiO_8、水合硅铝酸钙((CaO) (SiO_2)$_2$ (Al_2O_3) (H_2O)$_4$)和水合铝酸钙((CaO)$_3$ (Al_2O_3) (H_2O)$_4$)等物质。可以得出，在镁渣/粉煤灰水合体系中，各有效成分之间首先发生典型的石灰水合反应(式(2-5))以及火山灰系列反应(式(2-1)～式(2-3))。然后，粉煤灰中的 Al_4SiO_8 与镁渣中的 Ca_2SiO_4 可能发生如式(3-7)、式(3-8)的反应。粉煤灰中不易溶于水的 SiO_2、Al_4SiO_8 能溶于镁渣中的硅酸二钙(Ca_2SiO_4)形成碱性溶液，从而发生水合反应。

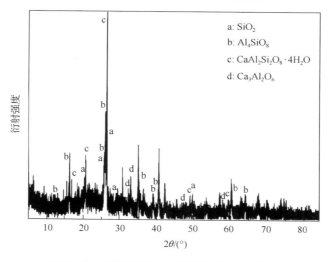

图 3.10　镁渣/粉煤灰水合脱硫剂 XRD 分析

$$Al_4SiO_8 + Ca_2SiO_4 + 2SiO_2 + 8H_2O \rightarrow$$
$$2(CaO)(SiO_2)_2(Al_2O_3)(H_2O)_4 \tag{3-7}$$

$$Al_4SiO_8 + 3Ca_2SiO_4 + 8H_2O \rightarrow$$
$$2(CaO)_3(Al_2O_3)(H_2O)_4 + 4SiO_2 \tag{3-8}$$

根据镁渣、粉煤灰的 XRD 分析以及镁渣/粉煤灰水合脱硫剂的 XRD 分析，通过对比水合前后物相的变化，可以证实水合反应确实存在。

3.4.2　镁渣/粉煤灰水合脱硫剂的微观特征

3.4.2.1　镁渣/粉煤灰水合脱硫剂比孔容积与比表面积

图 3.11 为镁渣、粉煤灰以及镁渣/粉煤灰水合脱硫剂(制备参数同前)的比孔容积分布特性对比，图 3.12 为三种物质的比表面积对比，表 3.5 为三种物质的比孔容积和比表面积的统计结果。

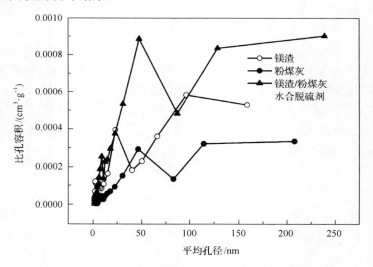

图 3.11　镁渣/粉煤灰水合脱硫剂比孔容积分布

镁渣/粉煤灰水合脱硫剂的比孔容积分布特征表明，经过水合，尽管粉煤灰在脱硫剂配比中占 95% 以上，但是脱硫剂的比孔容积高达 $5.992 \times 10^{-3} cm^3 \cdot g^{-1}$，与镁渣的 $3.6 \times 10^{-3} cm^3 \cdot g^{-1}$ 相比，获得显著提升，显然这是由于粉煤灰与镁渣水合脱硫剂(水合产物)形成了新的孔容积。镁渣与水合脱硫剂中微孔容积占总容积的比例均较低；镁渣介孔容积占其总容积的 40%，而经过水合制备的脱硫剂，介孔容积比例增加为 63%；而对于大孔容积，镁渣中占 60%，水合制备的脱硫剂中占 37%。所以，水合后介孔贡献的孔容积较多。

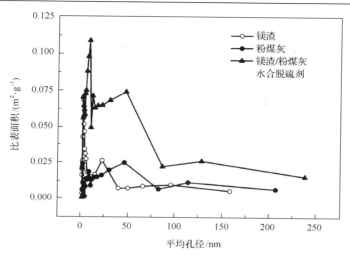

图 3.12 镁渣/粉煤灰水合脱硫剂比表面积分布

表 3.5 镁渣、粉煤灰和镁渣/粉煤灰水合脱硫剂比表面积和比孔容积

样品	比表面积/(m²·g⁻¹)				比孔容积/(10⁻³cm³·g⁻¹)			
	微孔	介孔	大孔	合计	微孔	介孔	大孔	合计
镁渣	0.036	0.480	0.029	0.544	0.043	1.872	1.685	3.600
粉煤灰	0.000	0.236	0.024	0.260	0.000	0.855	0.777	1.632
镁渣/粉煤灰水合脱硫剂	0.000	1.347	0.063	1.410	0.000	3.782	2.210	5.992

镁渣/粉煤灰水合脱硫剂的比表面积分布特征表明，脱硫剂总比表面积与镁渣的相比增加了近 1.6 倍。镁渣比表面积中，微孔占 6.62%，介孔占 88.24%，大孔占 5.33%；镁渣/粉煤灰脱硫剂比表面积中，微孔占比很低，介孔占 95.53%，大孔占 4.47%。所以，经过水合，镁渣/粉煤灰脱硫剂比孔容积和比表面积的主要贡献者为介孔，而介孔对于气固脱硫反应有决定性意义。

可见，镁渣/粉煤灰水合从微观结构角度主要改善了介孔的孔隙结构。

3.4.2.2 镁渣/粉煤灰水合脱硫剂的表观形貌

图 3.13(a) 和 (b) 分别为粉煤灰、镁渣/粉煤灰水合脱硫剂(制备参数：水合温度为 90℃，水合时间为 8h，液固比为 5，灰钙比为 20) 的 SEM 结果。图中显示，粉煤灰由于高温烧结的作用，颗粒具有致密光滑的表面，因此，粉煤灰比孔容积和比表面积均较小，其矿物组成主要为惰性的 SiO_2 和莫来石。经过水合反应后，在相同的放大倍数下，镁渣/粉煤灰水合脱硫剂(水合产物)变得粗糙、疏松，同时还有部分针状物形成。与镁渣水合脱硫剂 SEM 相比(图 3.5(b))，形貌也发生了较大变化。粗糙疏松的表观形貌给气固脱硫反应提供了较大的反应表面，这与前文比孔容积和比表面积的分析结果一致。

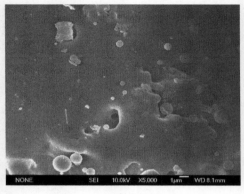

(a) 粉煤灰　　　　　　　　　　　　　　(b) 镁渣/粉煤灰水合脱硫剂

图 3.13　镁渣/粉煤灰水合脱硫剂的表观形貌

3.5　镁渣/粉煤灰水合脱硫剂的脱硫性能

3.5.1　脱硫性能评价

镁渣/粉煤灰水合脱硫剂脱硫性能的评价在图 3.6 所示的装置中进行，脱硫反应条件参数：温度为 950℃，SO_2 浓度为 8571.43mg·m^{-3}，O_2 浓度为 5.0%。

将前文提及的制备条件下镁渣/粉煤灰水合脱硫剂脱硫反应后的产物进行 XRD 分析，结果如图 3.14 所示。由镁渣/粉煤灰水合脱硫剂脱硫反应前后的物质变化可知，脱硫反应产物中有 $CaSO_4$ 出现，水合硅铝酸钙消失，而水合铝酸钙还有部分存在。所以，脱硫反应可由式(3-9)、式(3-10)表示。

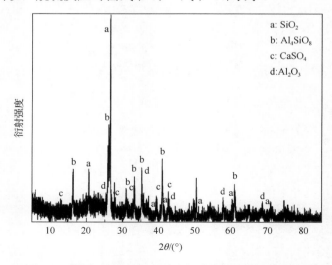

图 3.14　镁渣/粉煤灰水合脱硫剂脱硫反应后 XRD 分析

$$2(CaO)(SiO_2)_2(Al_2O_3) + 2SO_2 + O_2 \rightarrow$$
$$2CaSO_4 + Al_4SiO_8 + 3SiO_2 \quad\quad (3\text{-}9)$$

$$2(CaO)_3(Al_2O_3) + 6SO_2 + 3O_2 \rightarrow 6CaSO_4 + 2Al_2O_3 \quad\quad (3\text{-}10)$$

根据以上反应方程式，每反应 1mol 的 SO_2 相应的有 1mol 的 Ca 元素参与反应。由于此条件下制备的脱硫剂加入了粉煤灰，因此，镁渣/粉煤灰水合脱硫剂的钙转化率由式(3-11)计算。

$$Cr = \frac{(\Delta m - \Delta i) \times 40}{80 \times m_0 \times \dfrac{m_{slag}}{m_{ash} + m_{slag}} \times 44.04\%} \times 100\% \quad\quad (3\text{-}11)$$

式中，Cr 为镁渣脱硫剂的钙转化率，%；Δm 为脱硫反应质量增加值，mg；Δi 为脱硫反应各时刻增重的修正，mg；m_0 为脱硫剂质量，mg；m_{ash} 为镁渣/粉煤灰混合物中粉煤灰的质量，mg；m_{slag} 为镁渣/粉煤灰混合物中镁渣的质量，mg；40 为 Ca 的摩尔质量，g；80 为 SO_3 的摩尔质量，g；44.04 为镁渣中 Ca 的质量分数，%。

3.5.2 水合参数对水合脱硫剂钙转化率的影响

3.5.2.1 灰钙比对钙转化率的影响

图 3.15 所示为水合温度为 90℃、水合时间为 6h、灰钙比(粉煤灰/硅酸二钙质量比)分别为 5、10 以及 20 时，所制备水合脱硫剂在不同反应时间对应的钙转化率曲线。从结果可发现，当灰钙比分别为 5 和 10 时，最终的钙转化率与镁渣相比显著增加，分别为 13.60%和 14.74%。当灰钙比增至 20 时，水合获得的脱硫剂钙转化率大幅增加，达到 26.75%。显然，较高的灰钙比对制备的脱硫剂的钙转化率影响较大。与石灰/粉煤灰水合脱硫剂比较，尽管转化率的绝对值差别较大，但是高粉煤灰比的特征是相似的[12]。所以，后续的研究中灰钙比固定为 20。

3.5.2.2 水合时间对钙转化率的影响

在石灰/粉煤灰水合制备脱硫剂的研究中，水合初期，随着水合时间的增加，水合反应更加充分，制备的脱硫剂性能提高[10]。基于此，本研究设置了四个水合时间，分别为 6h、8h、10h 和 12h。其他制备条件相同时（灰钙比为 20，水合温度为 90℃，液固比为 5），四种水合时间制备的脱硫剂的钙转化率结果如图 3.16 所示。结果表明，水合时间从 6h 增加到 8h 时，最终的钙转化率增加明显，从 30.5%增加到 36.70%。当继续延长水合时间至 10h 和 12h 时，制备的脱硫剂最终钙转化率却分别下降到 24.6%和 26.9%，过长的水合时间反而降低了水合效果。

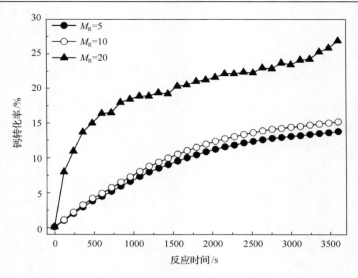

图 3.15　灰钙比对钙转化率的影响

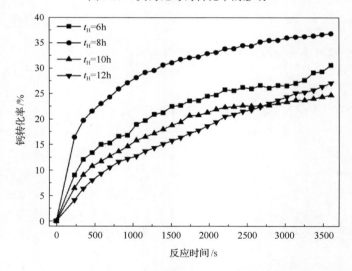

图 3.16　水合时间对钙转化率的影响

　　水合过程中，镁渣与粉煤灰生成水合硅铝酸钙和水合铝酸钙。随着反应的进行，生成的水合物数量达到最大值。当水合时间超过某个时间点时，部分水合产物会逐渐分解，脱硫剂活性将降低，这个时间称为临界水合时间[19]。本书中，临界水合时间为 8h，过长的水合时间不利于水合物的生成。相关的研究中也曾发现，石灰和粉煤灰水合时间为 10h 时制备的脱硫剂脱硫效率最高，而水合时间为 12h、14h、16h 时，脱硫剂的脱硫效率下降[20]。

　　还有研究指出[21,22]，石灰/粉煤灰的水合反应之所以时间长、灰钙比高，主要是由于石灰与粉煤灰水合反应速率控制步骤决定于粉煤灰中的 Al 和 Si 的溶解速率。决定粉煤灰潜在化学活性的主要因素是其中的玻璃体含量、玻璃体中可溶性 SiO_2、Al_2O_3 含量及玻璃体解聚能力。但是，粉煤灰的玻璃体结构致密、表面保护膜层坚固，不利于解聚。如前所述，脱硫剂在水合时间为 8h 时效果最佳。显然，从应用角度，镁渣/粉煤灰水合耗费时间仍较长。同时，脱硫剂的钙转化率大大低于石灰/粉煤灰水合脱硫剂，可推断其原因是镁渣中游离的 CaO 较少，自然冷却条件下，镁渣中的硅酸二钙大部分已转变为 $\gamma\text{-}C_2S$ 型，活性较低，导致粉煤灰玻璃体解聚能力较低，使得 SiO_2、Al_2O_3 的溶出率较低。

3.5.2.3　水合温度对钙转化率的影响

在其他水合参数一致的条件下（灰钙比为 20，水合时间为 8h，液固比为 5），本研究比较了水合温度为 60℃、70℃、80℃ 以及 90℃ 时所制备的脱硫剂的钙转化率，如图 3.17 所示。结果表明，其他水合参数相同时，水合温度对制备脱硫剂同样起着关键的作用，在 90℃ 条件下制备的脱硫剂，钙转化率高达 36.7%，而其他温度条件下脱硫剂的钙转化率分别为 17.8%、12.5% 和 18.7%，转化率较低。

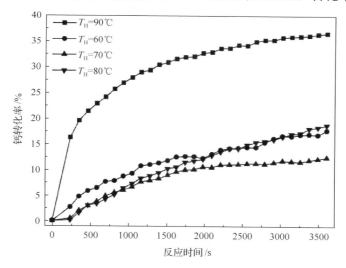

图 3.17　水合温度对钙转化率的影响

在 60℃、70℃、80℃ 的水合温度下，尚不足以使粉煤灰向溶液中大量地溶出 SiO_2、Al_2O_3（即 Al_4SiO_8），故水合硅铝酸钙和水合铝酸钙的产生量较少。当水合温度达到 90℃ 时，水合脱硫剂钙转化率提高较多。可以推断，此时的温度条件促进了粉煤灰中较多的 SiO_2、Al_2O_3 溶出，从而形成了较多的水合产物，因而脱硫剂的钙转化率较高。石灰/粉煤灰在加热水合的条件下，粉煤灰能被快速瓦解，无定型的硅酸盐（即 Al_4SiO_8）玻璃结构被激活，水可以直接破坏网络结构[10]。本研究试验过程中，90℃的水合加热条件是促使粉煤灰中无定型结构被激活、粉煤灰内 SiO_2、Al_2O_3 较多溶出的关键条件。

综合以上可知，最佳的水合参数为灰钙比为 20、水合时间为 8h、水合温度为 90℃、液固比为 5。此条件有利于粉煤灰中 SiO_2、Al_2O_3（即 Al_4SiO_8）和镁渣中硅酸二钙向浆液的溶出，提供大量水合反应物，进而促进水合硅铝酸钙和水合铝酸钙的生成。

3.6　镁渣添加剂水合脱硫剂的特征分析

在石灰/粉煤灰水合制备脱硫剂的过程中，同样存在着粉煤灰中硅的溶解速率低、水合时间长（12h）、飞灰的配比高、水合的温度高（90~150℃）等问题。有研究者提出，可以通过在水合过程中添加某些酸、碱、盐克服水合时间长的突出问题。有研究表明[23]，石灰石用于烟气脱硫的过程中加入有机酸可以缓解 pH 的降低。有机酸大多数是弱酸，可以强化 H^+ 的传递。这是因为当溶液中有机酸根与 H^+ 的结合和有机酸的溶解达到平衡时，SO_2 与水反应解离出的 H^+ 会与有机酸根结合，使 H^+ 由 SO_2 气体与溶液的液膜边界传递到液相主体，而液膜中 H^+ 浓度的降低加速了化学平衡向右移动，从而促进了 SO_2 的化学吸收和 $CaCO_3$ 的溶解，进而提高了脱硫剂的利用率。Mobley 等[24]认为，乙二酸是湿法脱硫中最好的有机酸添加剂。韩玉霞等[25]在湍球塔上研究了有机酸强化脱硫的过程，认为柠檬酸的缓冲性能最强，甲酸的缓冲性能最弱，带一个苯环的苯甲酸较甲酸稍强。不采用强酸的原因是其会在溶液中完全电离，引起 pH 的迅速降低，不仅阻碍了 SO_2 的溶解，同时也会与 $CaCO_3$ 发生反应，不利于脱硫反应的进行。

此外，也有学者把某些碱或无机盐作为添加剂进行研究。Ukawa 等[26]研究发现，Na^+ 存在时，脱硫剂吸收 SO_2 的能力大幅提高，而且 Na^+ 可以增强石灰或石灰石溶解传质过程的推动力，不仅可以促进溶解过程，还可以提高脱硫效率和石灰石的利用率，并且可以有效避免设备结垢。Peterson 等[27]研究表明，粉煤灰和 $Ca(OH)_2$ 水合时，提高反应速度的关键在于提高硅的溶解速度。因为硅在粉煤灰中主要以玻璃体存在，而 NaOH 可以加速玻璃体的溶解。结果指出，水合过程加入 NaOH，水合温度为 65℃时制备的脱硫剂活性高于 85℃时的活性；$Ca(OH)_2$ 和粉煤灰的比例为 1:4 时的脱硫剂钙转化率高于其比例为 1:10 时的钙转化率。Chu 等[28]得出的结论是，当粉煤灰/$Ca(OH)_2$/$CaSO_3 \cdot 0.5H_2O$ 的比例为 1:4: 4 时，经水合与干燥过程，钙的转化率可达 60%~80%。Ho 等[29]认为，水合过程形成了新的水合脱硫剂，当粉煤灰与 $Ca(OH)_2$ 混合再加入 $CaSO_3$、$CaSO_4$ 时，形成的水合脱硫剂脱硫能力可以进一步提高。Kind 等[30]在制备过程中，加入石膏（$CaSO_4 \cdot 2H_2O$）、氯化钙（$CaCl_2$）可以增加浆中钙的浓度，使反应速度加快，比表面积最大可以增加两倍。经 15h 水合，最大比表面积可达 $250m^2 \cdot g^{-2}$。$CaSO_4 \cdot 2H_2O$ 的加入可以缩短水合时间，降低粉煤灰配比。Fernanadez 等[31]发现，用 $Ca(OH)_2$/粉煤灰、$CaSO_4$ 制备脱硫剂的转化率低于没有加入 $CaSO_4$ 的转化率，显然该结论与其他文献的结论不一致。

3.6.1　镁渣添加剂水合反应

根据已有的研究，针对镁渣/粉煤灰水合反应过程中粉煤灰中 SiO_2、Al_2O_3 的溶解速率低所导致的水合时间长（8h）、粉煤灰配比高（20）的问题，本研究在镁渣/粉煤灰水合过程中，尝试添加某些酸、碱以提高脱硫剂钙转化率。因为 SiO_2 在粉煤灰中主要是玻璃体，而碱能腐蚀玻璃体，故通过添加碱可以在水合过程中提高 SiO_2 的溶出速度。酸环境可以促进镁渣中 Ca_2SiO_4 向浆液的溶解；另外，酸可以激发粉煤灰中 Al_2O_3（即 Al_4SiO_8）的溶出。因此，镁渣/粉煤灰水合过程中，添加酸、碱等添加剂后，反应系统可能存在如式(3-12)～式(3-14)所示的反应。

$$SiO_2 + 2OH^- \rightarrow SiO_3^{2+} + H_2O \tag{3-12}$$

$$Al_2O_3 + OH^- \rightarrow 2AlO_2^- + H_2O \tag{3-13}$$

$$Al_2O_3 + H^+ \rightarrow 2Al^{3+} + H_2O \tag{3-14}$$

镁渣添加剂水合反应试验在如图 3.1 所示的反应装置中进行。在最优水合条件的基础上（即 t_H=8h, T_H=90℃），对水合过程分别添加分析纯乙二酸（$C_2H_2O_4$）、氢氧化钠、柠檬酸（$C_6H_8O_7$）固体颗粒，研究不同添加剂对所制备脱硫剂性能的影响。期望添加酸或碱可能使镁渣、镁渣/粉煤灰水合反应的程度更彻底，从而获得较高活性的镁渣添加剂水合脱硫剂、镁渣/粉煤灰添加剂水合脱硫剂。为了分析添加剂的作用原理，以乙二酸添加剂为例，分别分析其矿物组成、微观特征。

3.6.2　镁渣添加剂水合脱硫剂的矿物组成

图 3.18 为水合温度为 90℃、水合时间为 8h、液固比为 5、0.5%乙二酸制备参数下，镁渣添加剂水合脱硫剂的 XRD 结果。与自然冷却镁渣（图 1.7）和镁渣水合脱硫剂（图 3.2）相比较，经乙二酸改性后，镁渣添加剂水合脱硫剂的 Ca_2SiO_4 特征峰相对强度减小。同时，镁渣添加剂水合脱硫剂中存在的 $Ca(OH)_2$ 衍射峰强度也降低，表明乙二酸极大地促进了 Ca_2SiO_4 与 $Ca(OH)_2$ 中钙的溶解。

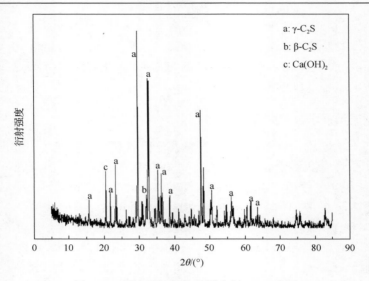

图 3.18　镁渣添加剂水合脱硫剂 XRD 分析

3.6.3　镁渣添加剂水合脱硫剂的微观特征

3.6.3.1　镁渣添加剂水合脱硫剂比孔容积与比表面积

　　镁渣添加剂水合脱硫剂的比孔容积与比表面积分布如图 3.19 和图 3.20 所示，孔隙结构参数如表 3.6 所示。对于镁渣添加乙二酸水合所制备的脱硫剂，

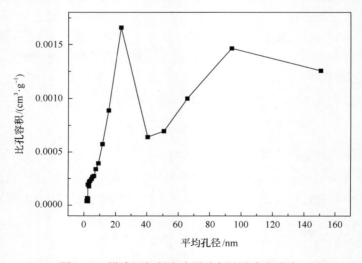

图 3.19　镁渣添加剂水合脱硫剂比孔容积分布

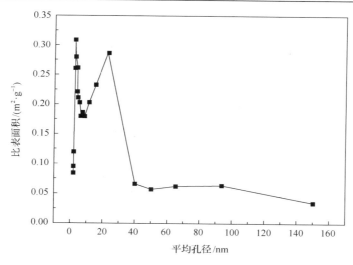

图 3.20 镁渣添加剂水合脱硫剂比表面积分布

表 3.6 镁渣、镁渣添加剂水合脱硫剂比表面积和比孔容积

样品	比表面积/(m²·g⁻¹)				比孔容积/(10⁻³cm³·g⁻¹)			
	微孔	介孔	大孔	合计	微孔	介孔	大孔	合计
镁渣	0.036	0.480	0.029	0.544	0.043	1.872	1.685	3.600
镁渣添加剂水合脱硫剂	0.201	3.350	0.212	3.763	0.092	6.480	4.420	10.992

其比表面积为 $3.763m^2 \cdot g^{-1}$。由于自然冷却镁渣的孔隙结构很差，其比表面积仅为 $0.544m^2 \cdot g^{-1}$，且从其最可几孔径可以看出，自然冷却镁渣的孔隙主要集中在大孔。由 BET 数据可知，大孔比例为 51.99%，而介孔比例为 46.80%。添加乙二酸后脱硫剂的孔隙得到了改善，比表面积和比孔容积分别得到较大提升，介孔比例大幅提升至 62.57%，说明乙二酸添加剂的加入，从微观参数考量利于镁渣介孔孔隙的改善，进而有助于脱硫剂脱硫性能的提升。

3.6.3.2 镁渣添加剂水合脱硫剂表观形貌

镁渣添加剂水合脱硫剂的表观形貌如图 3.21 所示，与镁渣水合脱硫剂(图 3.5)相比，经乙二酸添加剂改性后，脱硫剂表面的絮状水合产物依然存在。由于乙二酸的加入，水合过程中溶出物增加，导致产物表面的小颗粒与块状堆积物明显增多，表明乙二酸确实促进了 Ca_2SiO_4 与 $Ca(OH)_2$ 的溶解，改善了脱硫剂的脱硫性能。

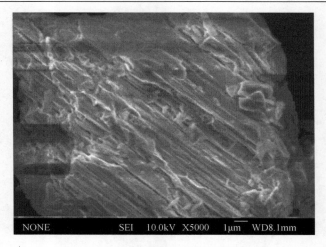

图 3.21　镁渣添加剂水合脱硫剂表观形貌

3.6.3.3　镁渣/粉煤灰添加剂比孔容积与比表面积

对于镁渣/粉煤灰反应体系，添加乙二酸后一方面促使镁渣中钙的溶解，另一方面促使飞灰中铝的溶解。添加乙二酸镁渣/粉煤灰水合脱硫剂的比孔容积与比表面积分布如图 3.22 和图 3.23 所示，孔隙结构参数如表 3.7 所示。其中，镁渣/粉煤灰添加乙二酸水合所制备脱硫剂的比孔容积为 $3.219 \times 10^{-3} \mathrm{cm}^3 \cdot \mathrm{g}^{-1}$，比表面积为 $7.521 \mathrm{m}^2 \cdot \mathrm{g}^{-1}$。镁渣/粉煤灰添加乙二酸后脱硫剂的孔隙继续得到改善，比表面积和比孔容积均得到较大提升，介孔比例大幅提升到 66.83%，表明在粉煤灰的作用下，乙二酸的添加更利于镁渣介孔孔隙的改善，进而有助于脱硫剂脱硫性能的提升。

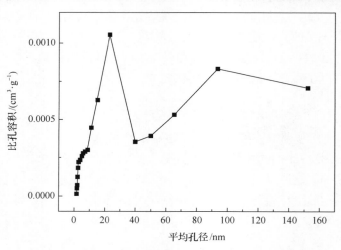

图 3.22　镁渣/粉煤灰添加剂水合脱硫剂比孔容积分布

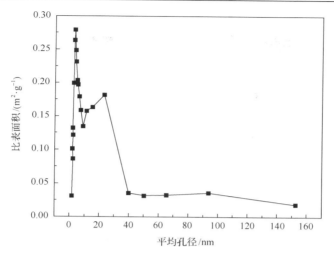

图 3.23　镁渣/粉煤灰添加剂水合脱硫剂比表面积分布

表 3.7　镁渣/粉煤灰、镁渣/粉煤灰添加剂水合脱硫剂比表面积和比孔容积

样品	比表面积/($m^2 \cdot g^{-1}$)				比孔容积/($10^{-3}cm^3 \cdot g^{-1}$)			
	微孔	介孔	大孔	合计	微孔	介孔	大孔	合计
镁渣/粉煤灰	0.000	3.782	2.210	5.992	0.000	1.347	0.063	1.410
镁渣/粉煤灰添加剂	0.061	5.000	2.460	7.521	0.132	2.969	0.118	3.219

3.6.3.4　镁渣/粉煤灰添加剂水合脱硫剂的表观形貌

镁渣/粉煤灰添加剂水合脱硫剂的表观形貌如图 3.24 所示，与镁渣水合脱硫剂

图 3.24　镁渣/粉煤灰添加剂水合脱硫剂表观形貌

(图 3.5)和镁渣/粉煤灰水合脱硫剂(图 3.13)相比，高温烧结条件下生成的粉煤灰呈现致密光滑的表面，而添加乙二酸后，脱硫剂表面的新产物明显增多，这充分说明乙二酸促进了镁渣/粉煤灰脱硫剂中镁渣和飞灰矿物的溶解，这与前文的分析结果一致。

3.7　镁渣添加剂水合脱硫剂的脱硫性能

镁渣、镁渣/粉煤灰添加剂水合脱硫剂脱硫性能的评价在图 3.6 所示的装置中进行，脱硫反应的条件参数同前。水合制备脱硫剂的过程中，添加剂的添加量很少，并且大部分可溶性的添加剂以及反应产物会在浆液过滤时被排走，故在计算脱硫剂的钙转化率时，忽略添加剂对脱硫的影响，有添加剂时，脱硫剂的钙转化率仍采用式(3-6)与式(3-11)计算。

3.7.1　镁渣乙二酸水合脱硫剂的钙转化率

乙二酸即草酸，属于二元羧酸，结构式为 $C_2H_2O_4$，广泛存在于植物源食品中，也可以工业制取。常温为无色透明结晶或粉末，150℃时升华，180℃时熔化，182.9℃时分解，溶于水。乙二酸是有机酸中的强酸，酸性是乙酸的 10000 倍；与氧化剂作用易被氧化成二氧化碳和水；对皮肤、黏膜有刺激及腐蚀作用，极易经表皮、黏膜吸收引起中毒，常用作络合剂、掩蔽剂、沉淀剂、还原剂[32]。

3.7.1.1　乙二酸对镁渣水合脱硫剂钙转化率的影响

图 3.25 为乙二酸添加量对镁渣水合脱硫剂性能的影响，此时，水合反应物仅有镁渣。由钙转化率曲线可知，镁渣水合过程中添加 0.5%、1.0%、3.0%的乙二酸，脱硫剂的钙转化率分别仅有 9.96%、9.19%、11.21%，而自然冷却镁渣的钙转化率为 9.3%。所以，对于仅有镁渣水合时，乙二酸作为添加剂，对水合脱硫剂的性能改善有限，并且添加剂量对脱硫剂的性能也没有明显影响。

3.7.1.2　乙二酸对镁渣/粉煤灰水合脱硫剂钙转化率的影响

图 3.26 为乙二酸添加量对镁渣/粉煤灰水合脱硫剂钙转化率的影响，水合条件为镁渣/粉煤灰水合的最佳条件。由钙转化率曲线可知，当粉煤灰存在时，乙二酸的改性效果明显。当添加剂量为 0.5%(总固体质量)时，钙转化率高达到 73.70%，与无添加剂时的钙转化率 36.70%比较，增加了 37.00%。然而，当乙二酸添加量为 1.0%和 3.0%时，钙转化率则分别下降为 24.10%和 52.57%。因此，对于镁渣/粉煤灰水合，乙二酸作为添加剂时添加剂量存在最优值。

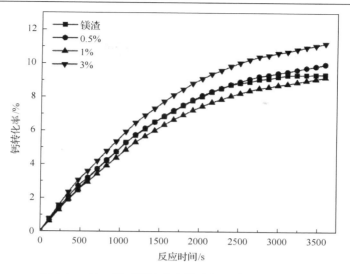

图 3.25　乙二酸对镁渣水合脱硫剂钙转化率的影响

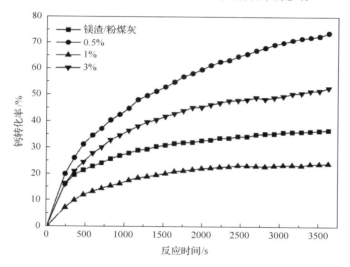

图 3.26　乙二酸对镁渣/粉煤灰水合脱硫剂钙转化率的影响

　　有研究指出[33]，石灰石半干法脱硫中，乙二酸的存在强化了 H^+ 的传递，促进了 SO_2 和 $CaCO_3$ 在石灰颗粒表面液膜中的溶解，从而可以提高脱硫效率。磷酸或其他酸类可以激发粉煤灰中硅酸盐玻璃和某些金属氧化物，使它们形成性能优良的磷酸盐矿物或其他具有水合活性的盐类或络合物。

　　因此可以推断，本研究中镁渣/粉煤灰水合反应中添加 0.5% 的乙二酸，一方面，合适的 H^+ 浓度可以促进镁渣中 Ca_2SiO_4 向浆液的溶解，进而使更多的 Ca_2SiO_4 参与水合反应；另一方面，0.5% 的乙二酸激发了粉煤灰中的 Al_2O_3，形成更多的水合硅铝酸钙和水合铝酸钙。乙二酸添加量为 1.0% 和 3.0% 时，钙转化率分别为 24.10% 和 52.57%，虽然乙二酸释放的 H^+ 浓度可以促使镁渣中 Ca_2SiO_4 的溶解，但是这两种添加量条件下，降低了浆液中 OH^- 的浓度，不利于从粉煤灰中溶出 SiO_2，使得水合硅铝酸钙的生成受阻，镁渣/粉煤灰水合脱硫剂的性能下降。

结果表明，镁渣/粉煤灰添加乙二酸水合时，在最佳剂量下，乙二酸是对镁渣/粉煤灰改性的有效添加剂之一。

3.7.2　镁渣柠檬酸水合脱硫剂的钙转化率

柠檬酸，又名枸橼酸，是一种三羧酸类化合物，分子式为 $C_6H_8O_7$，天然柠檬酸存在于植物或动物体内，也可以人工合成。常温时为无色晶体或粉末，153℃时熔化，175℃时分解，常含一分子结晶水，无臭，有很强的酸味，易溶于水。柠檬酸浓溶液对黏膜有刺激作用。柠檬酸主要用作酸味剂、增溶剂、缓冲剂、抗氧化剂、除腥脱臭剂、风味增进剂、胶凝剂、调色剂等[32]。

3.7.2.1　柠檬酸对镁渣水合脱硫剂钙转化率的影响

当水合体系仅有镁渣时，其他水合条件与 3.6.1 节（即 t_H=8h，T_H=90℃）相同。加入柠檬酸添加剂后对镁渣水合脱硫剂性能的影响如图 3.27 所示。与无添加剂时比较，有较为显著的改性效果，但是绝对值仍然较低。当添加剂量分别为 0.5%、1.0% 和 3.0% 时，改性效果基本相同，最高钙转化率为 18.32%，比自然冷却的镁渣的钙转化率高 9.02%。显然，柠檬酸对镁渣的改性效果优于乙二酸，添加剂量对改性效果影响不大。

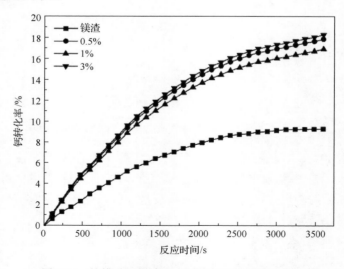

图 3.27　柠檬酸对镁渣水合脱硫剂钙转化率的影响

3.7.2.2 柠檬酸对镁渣/粉煤灰水合脱硫剂钙转化率的影响

采用柠檬酸对镁渣/粉煤灰改性时，水合条件为镁渣/粉煤灰水合的最佳条件。图 3.28 为柠檬酸对镁渣/粉煤灰水合脱硫剂性能的影响。由图中可以看出，柠檬酸的最佳添加量为 0.5%，转化率最高可达 30.46%，而添加量为 1.0%、3.0% 时，脱硫剂最大钙转化率分别为 19.57%、9.76%。与镁渣添加柠檬酸水合结果不同，镁渣/粉煤灰柠檬酸水合脱硫剂与无添加剂(镁渣/粉煤灰)时比较(图 3.16)，在所研究的添加剂量范围内，镁渣/粉煤灰添加柠檬酸所制得脱硫剂的钙转化率均低于无添加剂时的钙转化率。所以，柠檬酸无水合改性作用。

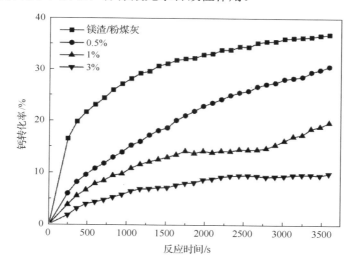

图 3.28　柠檬酸对镁渣/粉煤灰水合脱硫剂钙转化率的影响

以上结果表明，柠檬酸在水合过程中，水合浆液中的 H^+ 浓度不足以促使镁渣中的 Ca_2SiO_4 和粉煤灰中的 Al_2O_3 大量向浆液溶解，从而减慢了浆液中水合硅铝酸钙和水合铝酸钙的形成。因此，柠檬酸不适于在镁渣/粉煤灰水合反应中作为添加剂。

3.7.3 氢氧化钠水合脱硫剂的钙转化率

氢氧化钠，即烧碱、火碱、苛性钠，化学式为 NaOH，是一种具有强腐蚀性的强碱。常温为片状或块状形态，易溶于水(溶于水时放热)并形成碱性溶液，可与酸、SiO_2 以及 SO_2 等酸性氧化物进行反应。另外，NaOH 具有潮解性，易吸取空气中的水蒸气(潮解)和二氧化碳(变质)。密度为 $2130kg \cdot m^{-3}$，熔点为 318.4℃，沸点为 1390℃[34]。

前文叙及，水合过程中碱类添加剂可以促进粉煤灰中硅玻璃体的溶解，从而生成更多的溶胶、凝胶类物质。

3.7.3.1　NaOH 对镁渣水合脱硫剂钙转化率的影响

图 3.29 为镁渣水合时，添加不同剂量的 NaOH 制取的脱硫剂的钙转化率。钙转化率曲线指出，镁渣中添加 0.5%、1.0%、3.0%的 NaOH 时，脱硫剂的钙转化率分别仅为 12.26%、11.02%、14.25%，而自然冷却镁渣的钙转化率为 9.30%。结果表明，仅有镁渣水合反应时，使用 NaOH 直接水合改性镁渣，改性作用不明显，与添加乙二酸时的情况基本一致的。

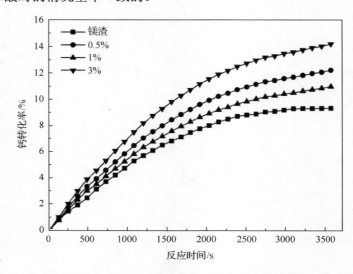

图 3.29　NaOH 对镁渣水合脱硫剂性能的影响

3.7.3.2　NaOH 对镁渣/粉煤灰水合脱硫剂钙转化率的影响

图 3.30 是镁渣/粉煤灰水合时，NaOH 添加量对制得的水合脱硫剂钙转化率的影响，水合条件为镁渣/粉煤灰水合的最佳条件。结果表明，当 NaOH 添加量为3%时，对应的钙转化率是 55.54%；当 NaOH 添加量为 0.5%和 1.0%时，对应的钙转化率分别为 45.81%和 41.36%。由此可见，加入添加剂 NaOH 后，钙转化率普遍高于未添加 NaOH 时脱硫剂的钙转化率(36.70%)。

有文献认为[27]，粉煤灰与 $Ca(OH)_2$ 火山灰反应制备脱硫剂时，加入 NaOH 激发剂可使浆液 pH 升高，增大粉煤灰玻璃体结构的溶解速度和解离程度，即 NaOH激发剂可降低火山灰反应活化能，提高粉煤灰转化率和表观反应速率常数，缩短制备时间。

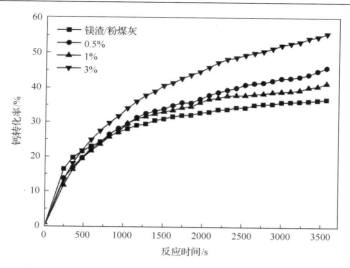

图 3.30 NaOH 对镁渣/粉煤灰水合脱硫剂钙转化率的影响

本研究中,添加剂 NaOH 的作用与石灰/粉煤灰水合反应时加入的 NaOH 的作用相近,主要也是 NaOH 增大了粉煤灰玻璃体的溶解速度并使之解离,进而促进了粉煤灰中 SiO_2 向浆液中溶解,使得水合硅铝酸钙大量生成,镁渣/粉煤灰水合反应更彻底。

图 3.31 和图 3.32 所示分别为镁渣添加剂以及镁渣/粉煤灰添加剂水合制备脱硫剂的最佳转化率。可以初步推断,自然冷却的镁渣由于晶体结构重组,大量的较高活性的 β 型硅酸钙转向低活性的 γ 型,整体活性较低,添加剂对其中的硅酸

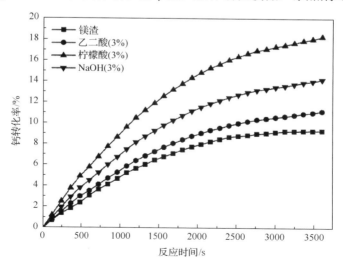

图 3.31 添加剂对镁渣水合脱硫剂钙转化率的影响对比

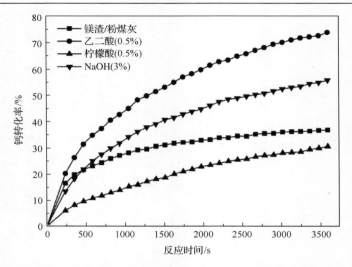

图 3.32　添加剂对镁渣/粉煤灰水合脱硫剂钙转化率的影响对比

钙的作用极其有限。但是，对于镁渣/粉煤灰共存的体系，添加剂主要针对粉煤灰中的 SiO_2 或 Al_2O_3 发生作用，使其能较多地溶于浆液，从而与硅酸二钙形成较高活性的水合脱硫剂。本研究中，镁渣/粉煤灰添加 0.5%乙二酸时，钙转化率达到73.70%，远高于 NaOH 添加剂的改性效果，并且比镁渣/粉煤灰水合脱硫剂高一倍。

3.8　小　　结

　　本章系统研究了镁渣水合、镁渣/粉煤灰水合、镁渣添加剂水合、镁渣/粉煤灰添加剂水合等多种水合改性方法制备的脱硫剂的矿物组成、微观结构以及脱硫性能。对于镁渣，水合以及添加剂水合对制备的脱硫剂微观特征以及脱硫性能的作用有限，脱硫剂的钙转化率仅从 9.3%提高到了 9.43%。对于镁渣/粉煤灰水合过程，脱硫剂的钙转化率提高很大，最佳制备参数获得的脱硫剂钙转化率高达 36.7%。但是，粉煤灰的用量也很大，灰钙比高达 20。镁渣/粉煤灰添加剂共同作用后，微观特征参数变化很大。在镁渣/粉煤灰水合脱硫剂中，镁渣仅占约 5%，但是脱硫剂的比孔容积增加了 66.44%，比表面积增加了 1.6 倍。镁渣/粉煤灰添加 0.5%的乙二酸时，钙转化率达到 73.70%，比镁渣/粉煤灰水合脱硫剂高一倍。

参 考 文 献

[1] Shearer J A, Hilterman M J, Frommell E A. Current status of the ADVACATE process for flue gas desulfurization[J]. Air Waste Manage, 1992, 42: 103-110.
[2] 王建宏, 齐美富. 石灰/粉煤灰水合反应制备高活性脱硫剂机理分析[J]. 环境工程学报, 2003, 4(5): 34-36.

[3] Al-Shawabkeh A, Matsuda H, Hasatani M. Enhanced SO_2 abatement with water-hydrated dolomitic particles[J]. AIChE Journal, 1994, 43(1): 173-179.

[4] 何元金, 马兴坤. 近代物理实验[M]. 北京: 清华大学出版社, 2002.

[5] 黄维刚, 熊云威, 李鸿. 蜂窝状钙基脱硫剂与烟气脱硫的试验研究[J]. 矿业安全与环保, 2000, 27(1): 24-26.

[6] 朱蓓蓉, 杨全兵. 几种火山灰质掺合料的火山灰活性研究[J]. 粉煤灰综合利用, 2005, (2): 3-5.

[7] 陈旭红, 苏幕珍, 殷大众, 等. 粉煤灰分类与结构及活性特点[J]. 水泥, 2007, (6): 8-12.

[8] 吴学礼, 陈孟, 朱蓓蓉. 粉煤灰火山灰反应动力学的研究[J]. 建筑材料学报, 2002, 5(2): 120-125.

[9] Ueno T. Process for preparing desulfurization and denitration agents[P]. U. S.: 4629721, Dec. 16, 1986.

[10] Jozewicz W, Rochelle G. Fly ash recycle in dry scrubbing[J]. Environmental Progress, 1986, 5(4): 219-224.

[11] 吴葆春. 脱硫剂微观结构研究[D]. 北京: 清华大学, 1986.

[12] Jozewicz W, Jorgensen W, Chang J, et al. Development and pilot plant evaluation of silica-enhanced lime sorbent for dry flue gas desulfurization[J]. Air Pollution Control Association, 1988, 38(6): 796-805.

[13] Jozewicz W, Chang J, Sedman C, et al. Silica-enhanced sorbents for dry injection removal of SO_2 from flue gas[J]. Air Pollution Control Association, 1988, 38(8): 1027-1034.

[14] Martinez J C, Izquierdo J F, Cunill F, et al. Reactivation of fly ash and $Ca(OH)_2$ mixtures for SO_2 removal of flue gas[J]. Industrial and Engineering Chemistry Research, 1991, 30(9): 2143-2147.

[15] Izquierdo J F, Cunill F, Martinez J C, et al. Fly ash reactivation for the desulfurization of coal fired utility station's flue gas[J]. Separation Science and Technology, 1992, 27(1): 61-72.

[16] Al-Shawabkeh A, Matsuda H, Hasatani M. Enhanced SO_2 abatement with water hydrated dolomitic particles[J]. AIChE Journal, 1997, 43(1): 173-179.

[17] 时黎明, 徐旭常. 水合作用对钙基吸收剂脱硫特性的影响[J]. 环境工程, 1998, 16(2): 37-40.

[18] Li Y. Study of the formation of $CaSO_4$ in dry flue gas desulfurization process[D]. Tokyo: The University of Tokyo, 1999.

[19] Tsuchiai H, Ishizuka T. Study of flue desulfurization absorbent prepared from coal fly ash: Effect of the composition of the absorbent on the activity[J]. Industrial and Engineering Chemistry Research, 1996, 35(4): 2322-2326.

[20] 姚瑶, 高翔, 宋蔷. 制备过程中水合时间对脱硫剂性能影响的实验研究[J]. 南昌大学学报(工科版), 2002, 24(3): 91-93.

[21] 王建宏, 齐美富. 石灰/粉煤灰水合反应制备高活性脱硫剂机理分析[J]. 环境污染治理技术与设备, 2003, 4(5): 34-36.

[22] Izquierdo J F. Fly ash reactivation for the desulfurization of coal-fired utility station's flue gas[J]. Separation Science and Technology, 1992, 27(1): 61-72.

[23] Chang C S, Rochelle G T. Effect for organic acids addi-tives on SO_2 absorption into $CaO/CaCO_3$ slurries[J]. AIChE Journal, 1982, 28(2): 261-266.

[24] Mobley J D, Cassidy M. Organic acids can enhance wet limestone flue gas scrubbing[J]. Power Engineering, 1986, 24(6): 32-35.

[25] 韩玉霞, 王乃光, 李鑫, 等. 有机酸添加剂强化石灰石湿法烟气脱硫过程的实验研究[J]. 动力工程, 2007, 27(2): 278-281.

[26] Ukawa N, Takashina T, Oshima M, et al. Effects of salts on limestone dissolution rate in wet limestone flue gas desulfurization[J]. Environmental Progress, 1993, 12(4): 294-299.

[27] Peterson J, Rochelle G. Aqueous reaction of fly ash and $Ca(OH)_2$ to produce calcium silicate absorbent for flue gas desulfurization[J]. Environmental Science and Technology, 1988, 22(11): 1299-1304.

[28] Chu P, Rochelle G. Removal of SO$_2$ and NO$_x$ from stack gas by reaction with calcium hydroxide solids[J]. Air Pollution Control Association, 1989, 39(2): 175-179.

[29] Ho C, Shiih S. Characteristics and SO$_2$ capture capacities of sorbents prepared from products of spray-drying flue gas desulfurization[J]. Canadian Journal of Chemical Engineering, 1993, 71(6): 934-939.

[30] Kind K K, Wasserman P D, Rochelle G T. Effects of salts on preparation and use of calcium silicates for flue gas desulfurization[J]. Environmental Science and Technology, 1994, 28(2): 277-283.

[31] Fernandez J, Renedo M J, Pesquera A, et al. Effect of CaSO$_4$ on the structure and use of Ca(OH)$_2$/fly ash sorbents for SO$_2$ removal[J]. Powder Technology, 2001, 119(2): 201-205.

[32] 马沛生. 有机化合物实验物性数据手册[M]. 北京: 化学工业出版社, 2006.

[33] 刘党生, 黄学敏, 闫东杰, 等. 添加剂对石灰石移动床脱硫效率的影响[J]. 上海环境科学, 2011, 30(5): 219-223.

[34] 耶菲莫夫, 别洛鲁科娃. 无机化合物性质手册[M]. 西安: 陕西科学技术出版社, 1987.

4 镁渣激冷水合制备脱硫剂

上述研究表明，镁渣（自然冷却）的脱硫活性很低，经过自身的水合过程所制备的脱硫剂，活性略有提高；将镁渣与粉煤灰共同进行水合反应所得到的脱硫剂活性显著提高；通过添加剂的作用，活性得到进一步提升。但在此条件下，最佳脱硫剂制备参数中，对应的粉煤灰的配比（灰钙比）仍较高，水合时间仍然较长。所以，需要进一步探索新的镁渣水合方式。

有很多学者对镍熔炼渣、钢渣、矿渣等进行激冷处理。高术杰等[1]发现，对镍熔炼渣激冷处理后，会形成玻璃态和结晶态物质，其中玻璃态含量为 21%。研究认为，与结晶态相比，玻璃态的活性相对较高。在碱激发的作用下进行镍熔炼渣的激冷水合反应，碱金属会破坏镍渣的[SiO$_4$]、[AlO$_4$]四面体网络结构，从而使得 Ca^{2+}、Mg^{2+}、Al^{3+}等多种离子在溶液中参与水合反应；同时，SEM 结果显示，镍渣中的玻璃相和结晶相均发生水合反应，其生成的水合脱硫剂大致相同，随着水合时间的延长，生成的水合脱硫剂的玻璃态含量增加。

Gautier 等[2]认为，对高炉矿渣采用激冷处理会改变渣的物质组分及结构。缓冷条件下，炽热渣的主要物质成分为 β-C$_2$S，激冷处理后，部分 β-C$_2$S 转化为硅酸三钙，同时，样品中出现了少量的游离态 CaO。Zhao 等[3]的研究发现，采用水激冷可以越过晶型转变温度，使 β-C$_2$S 来不及转变成 γ-C$_2$S 而以介稳态保持下来。从结构上来说，激冷后晶粒变小，硅酸钙呈细小的薄片颗粒，晶体纯度降低，同时颗粒疏松多孔，呈现相互连接的类似于海绵的结构，透射电子显微镜（transmission electron microscope, TEM）结果显示，冷却过程中出现了物质的偏析现象，从而形成富硅区和富钙区。Mostafa 等[4]的研究结果也表明，激冷后渣的水合活性显著提高，早期水合反应速率迅速提高，后期生成的水合脱硫剂覆盖在颗粒表面，降低了水合反应速率。

此外，在常温条件下的灰渣与饱和 Ca(OH)$_2$ 溶液的反应中，王观华[5]发现，高温灰渣与水直接接触产生的高温水蒸气会破坏玻璃体表面致密的硅氧铝氧网络，使其内部的活性 SiO$_2$ 和 Al$_2$O$_3$ 得以释放，加速 Ca(OH)$_2$ 与其内部活性 SiO$_2$ 和 Al$_2$O$_3$ 的反应，生成水合硅酸钙和水合铝酸钙胶凝状物质。灰渣的冷却速度越快，形成的高活性玻璃体越多。

镁渣自然冷却过程晶体的演化过程表明，排出还原罐高温状态镁渣中的硅酸二钙，一部分以活性较高的 β 型晶体存在，随着自然冷却过程温度降低，活性较高的 β 型晶体将转向活性较低的 γ 型晶体[6]。本研究试图通过炽热镁渣激冷水合方法，使得在水合的同时，保留镁渣较多高活性的晶体类型，改变玻璃体含量，形成表面缺陷，从而使得水合产物活性提高。

4.1　镁渣激冷水合脱硫剂制备参数的确定

镁渣从还原罐排出时，温度为1150℃左右，大部分仍呈椭球形。镁渣激冷水合脱硫剂的制备在图3.1所示的装置中进行。由于需要利用镁渣的高温，镁渣的激冷水合过程必须在生产现场进行。

对于镁渣激冷水合制备脱硫剂的过程，制备参数会涉及激冷温度(T_M)、液固比(L/S)、水合时间(t_H)以及水合温度(T_H)等。根据前文的结果，水合温度设定为80℃。在生产现场，最佳制备参数以激冷水合脱硫剂的水合反应程度为目标，采用正交试验的方法获取。

4.1.1　水合反应程度

为了确定炽热镁渣激冷水合反应程度，借鉴了水泥水合的研究方法[7]。镁渣水合产物中的水分可分为非化学结合水和化学结合水，其中，非化学结合水可以通过将样品在65℃下烘干至恒重的方法去除，化学结合水则以化学键或氢键的方式与物质中的其他元素连接，进而生成相应的水合产物，必须在1050℃下高温灼烧至恒重去除。此外，化学结合水量会随着水合产物的增多而增多，直到达到饱和状态，即完全水合。所以，可以用不同反应进程时镁渣的化学结合水量与其完全水合时的化学结合水量($w_{n\infty}$)的比值来计算相应的水合反应程度，如式(4-1)所示。其中，完全水合时化学结合水量($w_{n\infty}$)的测定过程中，对镁渣进行水合实验，并连续测其化学结合水量。当最后两次测得的化学结合水量不变时，可以认为达到完全水化，测得其值为 $0.28\text{g}\cdot\text{g}^{-1}$。

$$a = \frac{m_1 - m_2}{m_1} / w_{n\infty} \tag{4-1}$$

式中，a 为水合反应程度；m_1 为去除非化学结合水后样品的质量，g；m_2 为去除非化学和化学结合水后样品的质量，g；$w_{n\infty}$为完全水合时化学结合水量，$\text{g}\cdot\text{g}^{-1}$。

4.1.2　镁渣激冷水合参数正交试验

考虑到激冷水合与常规水合可能的差别，首先考察激冷温度、液固比和水合时间三个参数，即设计三个相关因素，每个因素选取三个水平的正交试验，如表4.1所示。对各因素水平进行正交组合，设计正交试验方案，在九组实验条件下进行水合反应，以水合反应程度作为指标，具体的试验组合见表4.2。

表 4.1 镁渣激冷水合正交试验因素水平表

水平	因素		
	激冷温度 A/℃	液固比 B	水合时间 C/h
1	950	3	4
2	650	8	8
3	150	15	12

表 4.2 镁渣激冷水合正交试验方案

试验序号	正交组合	反应条件		
		激冷温度 A/℃	液固比 B	水合时间 C/h
1	$A1B1C1$	950	3	4
2	$A1B2C2$	950	8	8
3	$A1B3C3$	950	15	12
4	$A2B1C2$	650	3	8
5	$A2B2C3$	650	8	12
6	$A2B3C1$	650	15	4
7	$A3B1C3$	150	3	12
8	$A3B2C1$	150	8	4
9	$A3B3C2$	150	15	8

依据正交试验,测定不同水合条件下水合反应程度随时间的变化关系。采用极差法分析正交试验结果,可以确定镁渣激冷温度、液固比、水合时间这三个因素对水合反应程度的影响,同时,依据极差 R 分析与各因素对应的水平变化对水合反应的影响,从而确定该因素下的最优水平。

由表 4.3 可知,$A1>A2>A3$,$B2>B3>B1$,$C2>C1>C3$,即在此正交试验所选取的水平范围内,$A1B2C2$ 组合的水合反应效果最佳。因此,炽热镁渣激冷水合反应的最优组合为:激冷温度为 950℃,液固比为 8,水合时间为 8h。

表 4.3 镁渣激冷水合正交试验结果

试验序号	反应条件				试验结果						
	A/℃	B	C/h	α	$K1$	$K2$	$K3$	$k1$	$k2$	$k3$	R
1	950	3	4	0.0823	0.2737			0.0912			0.0342
2	950	8	8	0.1203	0.2271			0.0757			
3	950	15	12	0.0713	0.2057			0.0686			
4	650	3	8	0.1149		0.2695			0.0899		0.0090
5	650	8	12	0.0828		0.2543			0.0848		
6	650	15	4	0.0719		0.3245			0.1082		
7	150	3	12	0.0299			0.1710			0.0570	0.0468
8	150	8	4	0.0515			0.2330			0.0777	
9	150	15	8	0.0897			0.1841			0.0468	

注:Ki 为同水平 α 之和;ki 为同水平 α 平均值;R 为 ki 的最大值与最小值之差。

由 R 可以确定三个因素对水合反应影响程度的顺序为：水合时间＞激冷温度＞液固比。

从极差值 R 还可以看出，激冷温度与水合时间的极差值相差不大，说明二者对水合反应影响均较大，而液固比的极差值相较于前两者小，表明液固比对水合反应影响较小。

4.2　镁渣激冷水合脱硫剂的特征分析

4.2.1　镁渣激冷水合脱硫剂的矿物组成

对炽热状态的镁渣进行激冷水合（激冷温度为 950℃，液固比为 8，水合时间为 8h，水合反应温度为 80℃），所得到的水合脱硫剂中的矿物形态如图 4.1 所示。

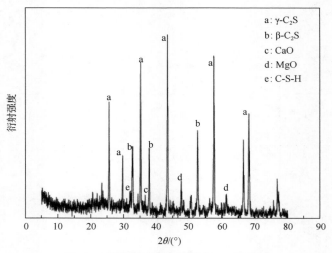

图 4.1　镁渣激冷水合脱硫剂 XRD 分析

根据 K 值法，镁渣（自然冷却）和激冷水合后的镁渣脱硫剂中不同晶型 Ca_2SiO_4 的比例如表 4.4 所示。

表 4.4　不同晶型 $Ca_2SiO_4(C_2S)$ 质量分数

工况及晶型		质量分数/%
镁渣	β-C_2S	6.3
	γ-C_2S	83.6
950℃激冷水合镁渣	β-C_2S	53.8
	γ-C_2S	37.4

　　结果表明，自然冷却镁渣其硅酸二钙主要以活性较低的 γ-C$_2$S 晶型存在，质量分数高达 83.6%；而 β-C$_2$S 质量分数仅占 6.3%，因此脱硫活性很低。炽热镁渣经过激冷水合反应后，所制得的脱硫剂中保留了 53.8% 活性较高的 β-C$_2$S。与自然冷却的镁渣相比，高活性的晶型比例提高了 47.5%。

　　对炽热镁渣进行激冷水合，这种方式阻止了非晶态的物质从无序到有序的变化，从而形成非晶态的分相玻璃体结构。这种玻璃体结构属于一种介稳结构，自由能较高且分布不均，主要由硅氧四面体网络结构组成。其中，SiO$_4^{4-}$ 作为网架的形成体构成三维空间结构，而 Ca^{2+}、Mg^{2+}、Al^{3+} 等碱金属离子作为平衡阴离子的改性体存在于网络空隙中。镁渣的活性来源主要是玻璃体结构中的活性较高的连续相——富钙相（C/S＞1）和活性较低的分散相——富硅相（C/S＜1）。有学者认为[8]，富钙相的[SiO$_4$]四面体结构的聚合度较低，同时热力学稳定性较差，因而活性较高，并且富钙相比例越大，水合反应的发生就会越迅速。

　　图 4.2 为不同激冷水合时间下脱硫剂的物质形态。在激冷水合反应的过程中，硅酸二钙的衍射峰强度逐渐降低，说明硅酸二钙发生水合反应，生成水合脱硫剂——水合硅酸钙。早期生成的水合硅酸钙较少，后期水合硅酸钙迅速增加。在水合反应前 4h 内，MgO 几乎不参与反应，而当水合时间为 6h 时，MgO 衍射峰强度基本消失，即在 4～6h 之间，MgO 发生反应，且在 6h 反应完全。由于 Ca-O、Mg-O 键的键能与 Si-O 键的键能相比较小，且水合反应浆液的 pH 为 12，反应处于碱性环境中，富钙相的动力学稳定性即活化能被 OH$^-$ 的强烈作用克服，从而使得富钙相在 OH$^-$ 的作用下不断溶解并发生水合反应。富硅相尽管溶解较缓慢，但

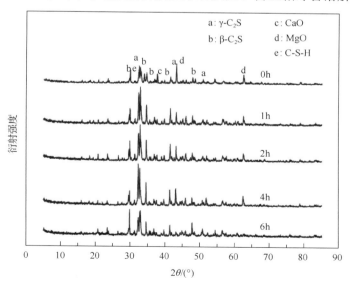

图 4.2　水合时间对镁渣激冷水合脱硫剂水合产物的影响

是随着富钙相的逐渐溶解，在水合反应后期参与反应，为水合反应提供一定的物质条件，从而使得生成的水合脱硫剂进一步增加。周祥家等[9]的研究表明，水在 β-C$_2$S 的表面以离子态吸附，表明水分子需要先解离为 H$^+$ 和 OH$^-$，然后再进行化学吸附，从而进一步发生水合反应。

4.2.2　镁渣激冷水合脱硫剂的微观特征

镁渣激冷水合脱硫剂的比孔容积分布与比表面积分布分别如图 4.3 和图 4.4 所示。表 4.5 所示为镁渣激冷水合脱硫剂的微观结构参数。自然冷却镁渣的孔隙结构很差，其比表面积仅为 0.544m$^2\cdot$g^{-1}。从其最可几孔径可以看出，自然冷却镁渣的孔隙主要集中在大孔。由 BET 数据可知，大孔孔容积比例为 46.80%，而介孔孔容积比例为 52.00%。

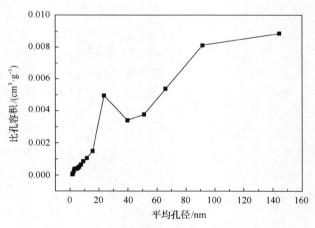

图 4.3　镁渣激冷水合脱硫剂比孔容积分布

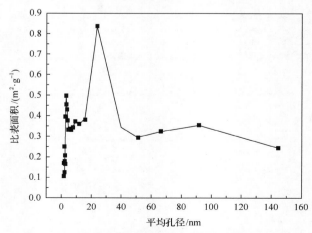

图 4.4　镁渣激冷水合脱硫剂比表面积分布

表 4.5　镁渣激冷水合脱硫剂比表面积和比孔容积

样品	平均孔径/nm	比表面积/$(m^2 \cdot g^{-1})$	比孔容积/$(cm^3 \cdot g^{-1})$	BJH 比表面积/$(m^2 \cdot g^{-1})$	最可几孔径/nm
镁渣	26.80	0.544	0.0036	0.538	111.4
激冷水合镁渣	21.56	2.229	0.0121	2.238	49.1

经激冷水合后孔隙得到了改善，比表面积和比孔容积分别提升到 $2.229m^2 \cdot g^{-1}$ 和 $0.0121cm^3 \cdot g^{-1}$，最可几孔径变为 49.1nm，介孔比例提升到 69.57%，表明激冷水合过程有助于镁渣介孔孔隙的改善。

4.2.3　镁渣激冷水合脱硫剂的表观形貌

镁渣激冷水合脱硫剂的微观形貌通过 SEM 获取，图 4.5(a) 和 (b) 分别为 950℃镁渣，水合时间分别为 4h 和 6h 的镁渣激冷水合脱硫剂的表观形貌(液固比为 5，水合温度为 80℃)。与自然冷却镁渣和自然冷却镁渣水合脱硫剂比较，炽热镁渣水合时间为 4h 时，出现明确的水合产物——水合硅酸钙，尽管产物层较薄，但分布均匀。水合反应时间为 6h 时，从颗粒表观形貌可以看出，水合产物明显增加。同时，颗粒表面形成的水合产物膨胀爆开。水合硅酸钙作为水合脱硫剂，具有多孔结构，其中的[SiO$_4$]四面体主要表现为层状结构，Ca 则是连通各层的物质。在水合硅酸钙中，水分子存在于水合脱硫剂的层间、孔隙以及表面，羟基则和钙或者硅相互结合，形貌结构主要为纤维状(Ⅰ型 C-S-H)或者是网络状(Ⅱ型 C-S-H)的粒子[10]。

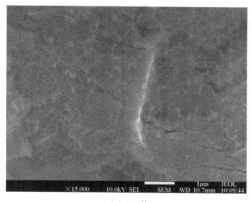
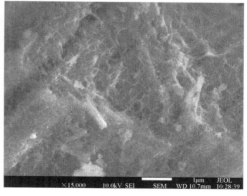

(a) t_H=4h　　　　　　　　　　　　(b) t_H=6h

图 4.5　炽热镁渣激冷水合脱硫剂表观形貌

选取炽热镁渣激冷水合脱硫剂的某一区域，如图 4.6(a)所示。通过对其中的 b 和 c 两处进行能谱分析(energy dispersive spectroscopy，EDS)分析(图 4.6(b)、(c))，发现 b 和 c 两处物质的 C/S 分别为 5.11 和 2.94。有学者认为[11]，C/S 一般为 1.5～2.0，若超出这一范围，说明此水合反应生成了部分 Ca(OH)$_2$，如反应方程(4-2)所示。在 XRD 和 SEM 中均未检测出此物质，一方面可能是因为硅酸二钙水合反应生成的 Ca(OH)$_2$ 与镁渣进一步发生反应而被消耗掉，为镁渣水合反应提供所需的 OH$^-$ 和 Ca^{2+}；另一方面可能与 Ca(OH)$_2$ 的含量较少有关。

(a)

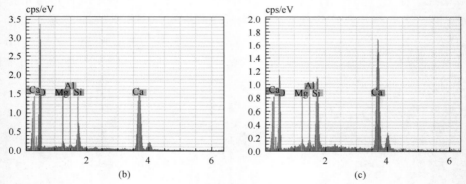

(b)　　　　　　　　　　　　　　　　　(c)

图 4.6　镁渣激冷水合脱硫剂 EDS 分析

根据上述 XRD 以及 SEM、EDS 分析，确定此炽热镁渣激冷水合反应过程与自然冷却镁渣水合反应一致。其中，镁渣中未被还原的 MgO 也会和水反应生成 Mg(OH)$_2$，见反应方程(4-3)。

$$Ca_2SiO_4 + 2H_2O \rightarrow 0.5(CaO)_3(SiO_2)_2(H_2O)_3 + 0.5Ca(OH)_2 \qquad (4\text{-}2)$$

$$MgO + 2H_2O \rightarrow Mg(OH)_2 \qquad (4\text{-}3)$$

4.3　镁渣激冷水合脱硫剂的脱硫性能

4.3.1　镁渣激冷水合脱硫剂的钙转化率

前文的结果表明，在镁渣激冷水合过程中，水合时间对于水合程度影响较大。所以，针对不同水合时间制备脱硫剂的钙转化率如图 4.7 所示。对于镁渣激冷水合脱硫剂，由于水合条件(镁渣的温度)发生了较大的变化，水合产物的脱硫性能也发生了较大的变化。结果指出，在其他水合参数均相同的情况下(950℃镁渣，液固比为 5，水合温度为 80℃)，当水合反应时间由 4h 增至 11h 时，所制备的脱硫剂的钙转化率并不随时间的增加而单调增长，而是呈现先增大后减小的特征。水合时间为 6h 时，脱硫剂的脱硫性能最好，其钙转化率为 29.43%。与自然冷却镁渣水合制备的脱硫剂相比较，其钙转化率增加了 18.79%。水合时间为 11h 时，脱硫剂的脱硫性能最差，钙转化率为 20.10%。结果表明，即使在激冷条件下，水合样品的脱硫性能也不会随着水合时间的延长而单调增加。采用激冷水合的方法，可以保留较多高活性的 β-C_2S，使得钙转化率较高。同时，与自然冷却镁渣水合时间相比，缩短了水合的时间。

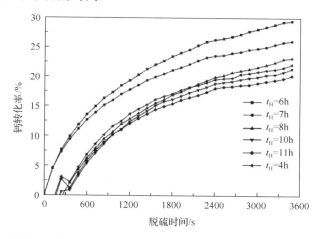

图 4.7　水合时间对镁渣激冷水合脱硫剂钙转化率的影响

4.3.2　镁渣激冷水合脱硫剂与脱硫产物的特征

选取上述脱硫试验中钙转化率最大的水合脱硫剂以及脱硫反应后的产物，进一步分析镁渣激冷水合脱硫剂及脱硫产物的特征。

XRD 分析结果如图 4.8 所示。结果表明，脱硫产物与激冷水合脱硫剂比较，水合脱硫剂 C-S-H 的衍射峰强度已经完全消失，同时，γ-C_2S、β-C_2S 的衍射峰强度也明显减弱，并且在脱硫反应后，XRD 衍射峰中出现了 $CaSO_4$ 和 SiO_2，说明反应生成了这两种物质，进一步证实脱硫反应的确存在。

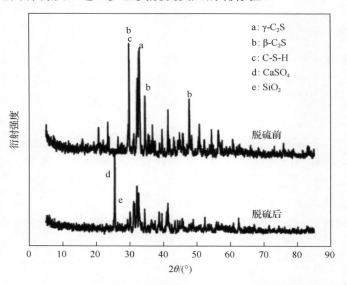

图 4.8　镁渣激冷水合脱硫剂与脱硫产物 XRD 分析

　　图 4.9(a) 为上述水合脱硫剂的表观形貌，图 4.9(b) 为脱硫产物的表观形貌。对比发现，经过脱硫反应后，颗粒表面粗糙的多孔结构已经变成了相对致密且光滑的结构，同时，颗粒表面被一些片状物质覆盖。通过对这些片状物质进行 EDS 分析发现，片状物质主要是由 Ca、Si、S 和 O 四种元素组成，结合前期的研究结果，认为片状物质主要为 $CaSO_4$ 和 SiO_2，表明脱硫反应生成的 $CaSO_4$ 堆积在镁渣颗粒表面，堵塞了镁渣自身孔隙以及水合脱硫剂所形成的孔隙。

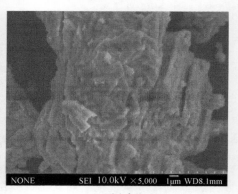

(a) 激冷水合脱硫剂　　　　　　　　　　　(b) 脱硫产物

图 4.9　激冷水合脱硫剂与脱硫产物表观形貌

　　为此,根据图 4.8 和图 4.9 中激冷水合样品脱硫前后的物质组分以及表观形貌的变化情况,结合 EDS 分析,得出脱硫反应的化学方程式,如式(4-4)和式(4-5)所示。炽热镁渣激冷水合后与 SO_2 的确发生反应,并生成稳定的反应产物 $CaSO_4$。

$$(CaO)_2(SiO_2)(H_2O) + 2SO_2 + O_2 \rightarrow 2CaSO_4 + SiO_2 + H_2O \tag{4-4}$$

$$Ca_2SiO_4 + 2SO_2 + O_2 \rightarrow 2CaSO_4 + SiO_2 \tag{4-5}$$

4.4　镁渣/粉煤灰激冷水合脱硫剂的特征分析

4.4.1　镁渣/粉煤灰激冷水合脱硫剂的矿物组成

　　图 4.10 为镁渣/粉煤灰激冷水合脱硫剂的 XRD 分析结果(灰钙比为 20,水合时间为 8h,激冷温度为 950℃,液固比为 5,水合温度为 80℃)。与自然冷却镁渣/粉煤灰水合脱硫剂相比(图 3.10),过程所生成的水合产物相同,表明炽热镁渣/粉煤灰激冷水合过程中,发生了相同的化学反应,但是产物的数量不同。

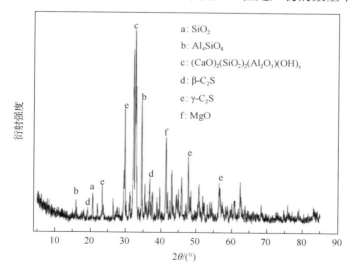

图 4.10　镁渣/粉煤灰激冷水合脱硫剂 XRD 分析

4.4.2　镁渣/粉煤灰激冷水合脱硫剂的微观特征

　　图 4.11 为镁渣/粉煤灰激冷水合脱硫剂的比孔容积分布(灰钙比为 20,水合时间为 8h,激冷温度为 950℃,液固比为 5,水合温度为 80℃),图 4.12 为同一样品的 BJH 比表面积分布。从图中可以看出,比孔容积分别在 4nm 和 30nm 左右出现峰值,推断激冷水合增加了孔径为 30nm 左右的孔的数量,使得介孔范围的孔隙增加,比

孔容积也明显增长。表 4.6 为灰钙比为 20，激冷温度为 950℃，液固比为 5，水合温度为 80℃，水合时间分别为 6h、8h 以及 10h 时镁渣/粉煤灰激冷水合微观参数统计值。结果表明，水合时间从 6h 增加到 8h，从气固脱硫反应的角度，产物的微观参数改善，孔径、比表面积以及比孔容积等均增加；水合时间超过 8h，产物的微观参数变差，孔径、比表面积以及比孔容积等均减小，不利于气固脱硫反应。

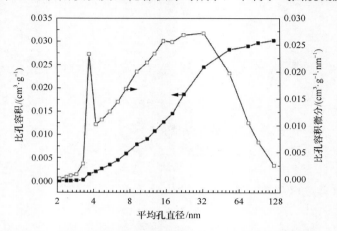

图 4.11　镁渣/粉煤灰激冷水合脱硫剂孔容积分布

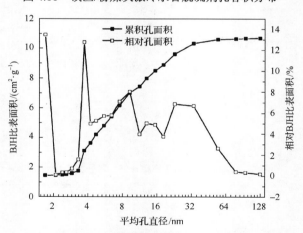

图 4.12　镁渣/粉煤灰激冷水合脱硫剂 BJH 比表面积分布

表 4.6　镁渣/粉煤灰激冷水合产物比表面积和比孔容积

水合时间	平均孔径/nm	比表面积/($m^2 \cdot g^{-1}$)	累积比孔容积/($10^{-3} cm^3 \cdot g^{-1}$)	BJH 比表面积/($m^2 \cdot g^{-1}$)	最可几孔径/nm
6h	17.06	6.451	28.224	8.877	30
8h	15.14	7.907	30.753	10.645	33
10h	10.97	7.062	19.647	7.072	29

4.5　镁渣/粉煤灰激冷水合脱硫剂的脱硫性能

镁渣/粉煤灰激冷水合条件下制备的脱硫剂，其脱硫性能表征在图 3.6 所示的系统中进行，脱硫反应参数同前。

4.5.1　灰钙比对镁渣/粉煤灰激冷水合脱硫剂钙转化率的影响

图 4.13 为水合时间为 8h，激冷温度为 950℃，液固比为 5，水合温度为 80℃时，灰钙比对炽热镁渣激冷水合脱硫剂钙转化率的影响。在所研究的脱硫时间内（脱硫反应基本终止），对于灰钙比为 20 的炽热镁渣激冷水合脱硫剂的钙转化率最高，达到 61.13%，比灰钙比为 15 时的钙转化率高 22.61%，比灰钙比为 5 时的钙转化率高 48.57%；与自然冷却镁渣/粉煤灰水合最佳值 36.70% 比较，高 24.43%。所以，镁渣/粉煤灰激冷水合改性作用十分显著。但是，依然显示与自然冷却镁渣水合产物同样的特点——高灰钙比。另一方面，在反应的开始阶段，三种样品的钙转化率差别很小，说明脱硫反应初期，控制整个反应的步骤主要是化学反应速率；随着反应时间的递增，钙转化率的差别增大，说明此时整个反应的控制过程已经不是激冷水合产物与 SO_2 的反应速率，而是 SO_2 分子在颗粒内的扩散过程。由于 SO_2 在 $CaSO_4$ 产物层中的扩散系数非常小，因此，激冷水合产物的钙转化率基本不随反应时间的增加而改变。

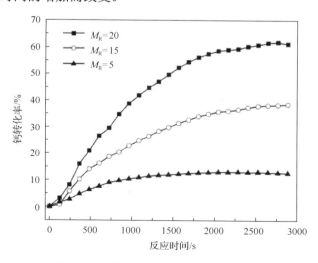

图 4.13　灰钙比对脱硫剂钙转化率的影响

彭敏等[12]的研究表明，$Ca(OH)_2$ 与粉煤灰水合制备脱硫剂时，粉煤灰配比的改变对钙利用率影响较大。本研究发现，灰钙比从 5 变化到 20 时，制备得到的激冷水合脱硫剂的钙转化率呈现较大幅度的增长。较低的灰钙比不利于水合中两种物质有效成分的接触，导致水合反应进行得相对缓慢。灰钙比为 20 时，镁渣中 Ca_2SiO_4 所形成的碱性溶液可以促使粉煤灰中不易溶于水的活性物质 SiO_2、Al_2O_3 大量溶出，进而反应形成具有复杂表面的水合硅铝酸钙和水合铝酸钙，从而导致激冷水合产物的钙转化率提高。此时，尽管可以获得较高的脱硫剂转化率，但是，灰钙比高一定会引起脱除单位摩尔 SO_2 所需的脱硫剂质量增加。同样，产生的脱硫产物的质量也会较大，工程应用仍然受到一定限制，还需要继续探索。

4.5.2　水合时间对镁渣/粉煤灰激冷水合脱硫剂钙转化率的影响

前文从水合反应程度的角度，采用正交试验的方法，得出水合时间相对于激冷温度和液固比是主要的影响因素的结论。图 4.14 是其他制备条件相同（灰钙比为 20，激冷温度为 950℃，液固比为 5，水合温度为 80℃），改变水合时间所获得的水合脱硫剂的钙转化率对比。相对于灰钙比来讲，水合时间对炽热镁渣激冷水合脱硫剂的钙转化率的影响也较明显。水合 8h 的激冷水脱硫剂的钙转化率为 61.13%，明显高于水合时间为 6h 和 10h 时 30.36% 和 28.69% 的脱硫剂的钙转化率。结果表明，水合时间太短或者太长均不利于钙转化率的提高。炽热镁渣激冷水合 8h 时，炽热镁渣与粉煤灰生成的水合产物数量达到峰值，超过这一时间点，某些水合产物会逐渐分解，活性将降低。自然冷却镁渣/粉煤灰水合脱硫剂的钙转化率也有类似的特征。

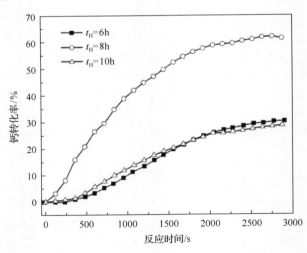

图 4.14　水合时间对脱硫剂钙转化率的影响

关于自然冷却镁渣/粉煤灰水合耗费时间仍较长（8h）的原因，有研究认为[13]，主要在于粉煤灰中活性物质 SiO_2、Al_2O_3 的玻璃体解聚能力不佳，溶出速率低。

虽然炽热镁渣激冷水合可以在渣球表面或内部孔隙中迅速产生蒸汽,进而改变镁渣本身的物理结构,且镁渣内外温差的影响会快速破裂成小颗粒,但是由于浆液的碱性仍然较弱,粉煤灰中的 Al 和 Si 的溶解速率较慢,不能达到良好的水合反应状态,所以整体水合过程所需时间依然较长。

通过上述两个主要因素对激冷水合产物的影响得出,镁渣/粉煤灰激冷水合脱硫剂最佳的水合条件为:灰钙比为 20、激冷温度为 950℃、液固比为 5、水合温度为 80℃、水合时间为 8h。

4.6 镁渣添加剂激冷水合脱硫剂的特征分析

已有的研究指出,当加入添加剂改性时,添加剂主要从以下几个方面起作用[14]:改变脱硫剂的微观结构,使脱硫剂孔隙变多、孔径变大,从而更有利于脱硫反应的进行;降低脱硫反应的活化能,提高反应速率;在燃煤脱硫过程中生成某种耐高温的含硫物质/络合物。现阶段主要把添加剂分为:缓冲酸添加剂,如乙酸、己酸、己二酸等;有机潮解物,如四甘醇(TEG)、木质素磺酸钙(CLS)等;无机潮解盐,如 $NaCl$、$CaCl_2$、Na_2CO_3、Na_2SO_4 等。

干法/半干法脱硫工艺中钙的利用率较低,一般不超过 50%。对此,王丽英等[15]认为,钙镁系脱硫剂必须掺入添加剂一起反应,添加剂与 $CaSO_4$、$MgSO_4$ 反应会生成某种耐高温的络合物,且由此形成的玻璃态物质包裹在脱硫剂表面,产生"封堵/封藏效应",从而防止脱硫产物的分解。

滕斌等[16]的研究表明,$NaCl$、Fe_2O_3 等作为添加剂均能降低反应活化能,提高 $Ca(OH)_2$ 的反应速率。此外,李宏扬等[17]对改性焦炭燃烧脱硫剂的研究也认为,将 K_2CO_3 和 CaO 混合加入焦炭后,降低了其化学反应的活化能,并强化了反应的活性中心,从而降低了燃烧中 SO_2 的排放。

很多学者在干法/半干法烟气脱硫添加剂的研究中发现,碱金属盐($NaCl$、Na_2CO_3 等)和金属氯化物($NaCl$、$CaCl_2$ 等)都是很好的添加剂,它们能大幅度的提高脱硫效率。有学者使用钠盐($NaCl$、Na_2CO_3、Na_2SO_4 等)预处理脱硫剂时发现,在 CaO 中加入少量的钠盐可以延滞 $CaSO_4$ 的分解,并提高脱硫效率,其作用机理是同离子效应和产物包藏作用,与钠离子投入的形式无关[18]。有学者认为[19],半干法脱硫系统中使用吸湿性添加剂($NaCl$、$CaCl_2$ 等)可以增加脱硫剂表面的水分,有些还可以提高吸收剂的碱性,对于提高脱硫效率均具有明显的效果。

此外,李锦时等[20]在其研究中也认为,$NaCl$ 是一种较好的添加剂。然而,Izpuierdo 等[21]在研究 $NaCl$、$CaCl_2$ 等添加剂对干法烟气脱硫效率的影响时,给出了在某个特定的实验条件下,使用不同类型/数量的添加剂所对应的反应速率经验公式,并认为加入 $CaCl_2$ 的脱硫剂调质效果最好。但是,相同的添加剂在不同的实验条件和反应中，其调质效果并不能一概而论。

刘妮[22]的研究认为，脱硫剂的微观参数，如比表面积、比孔容积和孔径的分布会影响石灰石的脱硫性能。张虎等[23]针对添加剂改性后脱硫剂的微观特征进行了研究，利用 Na_2CO_3 等添加剂调质钙基脱硫剂。脱硫实验表明，脱硫剂在使用添加剂调质后，由于表面形貌和表面成分的改变，从而提高了脱硫性能。添加剂的调质效果主要与脱硫剂中孔分布的改善有关，脱硫剂的中孔容积越大，其脱硫效果越好。

有学者研究表明[24, 25]，使用木质素磺酸钙(CLS)可以对钙基脱硫剂进行改性。选取钙硫比为 2，使用经 2%木质素磺酸钙调质过的 CaO 和未调质的 CaO 在 1050℃的条件下进行脱硫实验发现，经 2%木质素磺酸钙调质后的 CaO 脱硫效率提高了10%左右。这是由于当有木质素磺酸钙存在时，脱硫剂在高温区的烧结得到了缓解，使其在高温区仍具有良好的比表面积和孔隙率，可以与 SO_2 进行反应。

借鉴以上的结论，本研究在已有自然冷却镁渣以及自然冷却镁渣/粉煤灰添加剂研究的基础上，在镁渣激冷水合过程中分别添加 NaCl、$CaCl_2$、Na_2CO_3、K_2CO_3、Na_2SO_4、$CaSO_4$ 等多种无机盐，以考察更多种类添加剂的作用。镁渣添加剂激冷水合脱硫剂的制备过程在图 3.1 所示装置中进行，通过改变添加剂的种类、添加剂的浓度、水合时间以及水合温度等参数，比较所制得的脱硫剂的脱硫性能，从而获得最佳制备参数。

4.6.1　镁渣添加剂激冷水合脱硫剂的矿物组成

图 4.15 表示添加 1%NaCl 和添加 1%$CaCl_2$ 的镁渣激冷水合脱硫剂(激冷温度为 950℃，液固比为 10，水合温度为 20℃，水合时间为 6h)的 XRD 结果。经 NaCl改性后，样品表面有钠黄长石($NaCaAlSi_2O_7$)的出现，这说明 NaCl 的加入会发生Na^+取代镁渣中 Ca^{2+}的过程，并形成新的物质。钠黄长石属于四方晶系，是一种呈短柱/短板状的晶体，在高温(900~1100℃)灼烧时，其熔融表面呈液态，这种玻璃状物质会使脱硫剂表面光滑板结，有良好的封藏效果，且可以通过同离子作用延缓反应生成的 $CaSO_4$ 在高温时(800℃及以上)的分解。这与文献[26]研究中提到的 NaCl 改善脱硫剂脱硫效果的理论相一致。有学者发现[27]，在脱硫剂表面附着的少量 $CaCl_2$ 会在脱硫剂表面起到一定的催化作用。

添加 2% Na_2SO_4 和添加 2% $CaSO_4$ 的镁渣激冷水合脱硫剂(其他参数同上)的XRD 分析如图 4.16 所示。由图可知，经 Na_2SO_4 改性后，镁渣表面也出现了钠黄长石，而钠黄长石的产生会有利于改性脱硫剂在高温区的脱硫反应。加入 $CaSO_4$改性后，改性脱硫剂表面仍主要为 Ca_2SiO_4，并未生成新的物质。

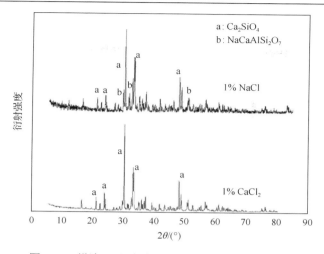

图 4.15 镁渣/Cl⁻添加剂激冷水合脱硫剂 XRD 分析

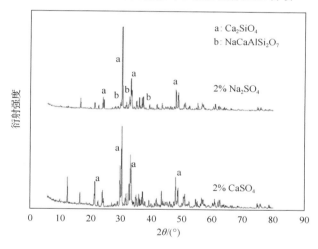

图 4.16 镁渣/SO₄²⁻添加剂激冷水合脱硫剂 XRD 分析

图 4.17 为添加 4%Na₂CO₃ 和添加 4%K₂CO₃ 镁渣激冷水合脱硫剂(其他参数同前)的 XRD 分析结果。加入 CO_3^{2-} 后，脱硫剂表面均有 $CaCO_3$ 生成。在炽热镁渣激冷水合过程中，会发生如式(4-2)所示的反应，生成水合硅酸钙和 $Ca(OH)_2$。当加入 CO_3^{2-} 时，水合生成的 $Ca(OH)_2$ 会和 CO_3^{2-} 发生如式(4-6)的反应，生成的 $CaCO_3$ 附着结晶在镁渣表面，而 $CaCO_3$ 的生成势必会明显提升改性脱硫剂的脱硫性能。同时，反应还伴随着 OH^- 的生成。

$$Ca(OH)_2 + CO_3^{2-} = CaCO_3 \downarrow + 2OH^- \tag{4-6}$$

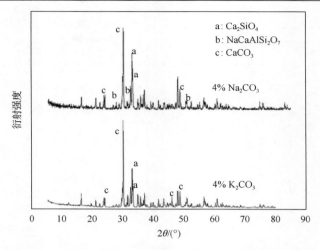

图 4.17　镁渣/CO_3^{2-}添加剂激冷水合脱硫剂 XRD 分析

经 Na_2CO_3 改性的脱硫剂表面还出现了可以延缓 $CaSO_4$ 高温分解的钠黄长石，而添加 K_2CO_3 后，脱硫剂表面则未出现其他新物质，这也进一步说明离子半径与 Ca^{2+} 最为接近的 Na^+ 更易取代 Ca^{2+} 位置产生空位缺陷。

有学者的研究表明[28]，当溶液中存在 OH^- 时，会发生如式(4-7)所示的反应，促进镁渣中 Ca_2SiO_4 的析出和反应，并且生成 $Ca(OH)_2$，从而进一步促进式(4-6)所示反应向右进行，生成更多的 $CaCO_3$。

$$Ca_2SiO_4 + 2OH^- = 2Ca(OH)_2 + SiO_3^{2-} \tag{4-7}$$

4.6.2　镁渣添加剂激冷水合脱硫剂的微观特征

镁渣添加剂激冷水合脱硫剂比孔容积和比表面积的分析结果如表 4.7 所示。

表 4.7　镁渣添加剂激冷水合脱硫剂比表面积与比孔容积

样品	平均孔径/nm	比表面积/$(m^2 \cdot g^{-1})$	比孔容积/$(cm^3 \cdot g^{-1})$	BJH 比表面积/$(m^2 \cdot g^{-1})$	最可几孔径/nm
镁渣	26.80	0.544	0.0036	0.538	111.4
950℃激冷水合镁渣	21.56	2.229	0.0121	2.238	49.1
1%NaCl	15.40	6.689	0.0302	7.852	29.3
1%$CaCl_2$	23.89	4.886	0.0315	6.181	3.5
2%Na_2SO_4	39.90	27.052	0.0785	39.598	3.5
2%$CaSO_4$	28.02	18.004	0.0751	28.024	3.6

从表 4.7 的结果可以看出，自然冷却镁渣的孔隙结构很差，其比表面积仅为

$0.544m^2 \cdot g^{-1}$。自然冷却镁渣的孔隙主要集中在大孔，大孔比例为 49.04%，而介孔比例为 48.42%。经激冷水合后，孔隙得到了改善，比表面积和比孔容积分别提升到 $2.229m^2 \cdot g^{-1}$ 和 $0.0121cm^3 \cdot g^{-1}$，最可几孔径变为 49.1nm，介孔比例提高到 69.57%，这说明激冷水合过程有助于镁渣介孔孔隙的改善。使用 Cl^- 对炽热镁渣激冷水合脱硫剂改性后，其孔结构进一步改善，最可几孔径均在介孔（2～50nm）范围内，比表面积、比孔容积、BJH 比表面积出现了不同程度的增加。SO_4^{2-} 极大地改善了炽热镁渣激冷水合脱硫剂的孔隙，SO_4^{2-} 改性后，脱硫剂的介孔比例几乎达到了 80% 以上，比仅有激冷水合的介孔比例增加了约 10%，且最可几孔径均在 4nm 附近，有助于改性脱硫剂脱硫性能的提升。

4.6.3 镁渣添加剂激冷水合脱硫剂的表观形貌

图 4.18(a) 为 1%NaCl 添加剂镁渣激冷水合脱硫剂的表观形貌，图 4.18(b) 为 1%CaCl$_2$ 添加剂镁渣激冷水合脱硫剂的表观形貌。结果发现，经 NaCl 改性后，镁渣表面在形成裂隙和破碎颗粒的同时，还形成了结构疏松的网状结构。这种网状结构会为脱硫反应提供更大的反应面积，从而提高其脱硫能力。经 CaCl$_2$ 改性后，镁渣表面出现了更多破碎的小颗粒和裂隙，并生成了很多针刺状产物。

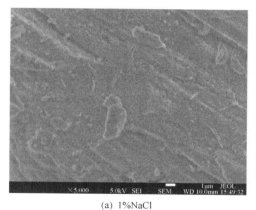 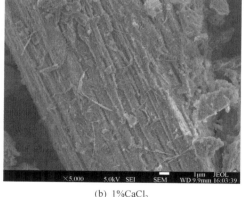

(a) 1%NaCl (b) 1%CaCl$_2$

图 4.18 镁渣/Cl$^-$添加剂激冷水合脱硫剂表观形貌

图 4.19 为镁渣/SO$_4^{2-}$激冷水合脱硫剂的表观形貌。经 Na$_2$SO$_4$ 改性后，脱硫剂表面的孔主要为裂缝形孔，且表面形成了很多疏松的网状结构，与 NaCl 改性后脱硫剂表面的网状结构类似，印证了这种网状结构是加入 Na$^+$ 引起的空位缺陷造成的。经 CaSO$_4$ 改性的表面出现了更多的破碎颗粒、针状水合产物以及形状不规则的孔。有学者认为[29]，SO$_4^{2-}$ 的加入会引起产物层晶格的缺陷，如点缺陷、面缺陷及晶体错位，从而增大产物层的扩散系数，加快离子在物质表面的扩散。

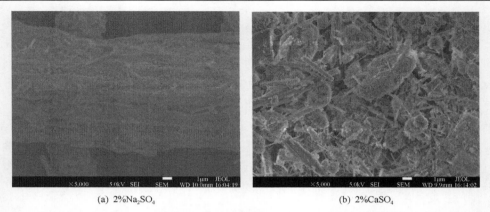

(a) 2%Na$_2$SO$_4$　　　　　　　　　　　　　　　(b) 2%CaSO$_4$

图 4.19　镁渣/SO$_4^{2-}$添加剂激冷水合脱硫剂表观形貌

　　图 4.20 为镁渣/CO$_3^{2-}$激冷水合脱硫剂的表观形貌。从图中可知，经 CO$_3^{2-}$改性后，镁渣表面的片状产物较未改性前明显增多，且镁渣孔隙并未出现进一步的改善。此外，通过对比 CO$_3^{2-}$改性脱硫剂的比表面积和比孔容积发现，加入 CO$_3^{2-}$后，炽热镁渣激冷水合脱硫剂的孔隙结构并未得到明显的改善。因此，仅从微观结构角度分析，CO$_3^{2-}$对炽热镁渣激冷水合脱硫剂的改善不大。

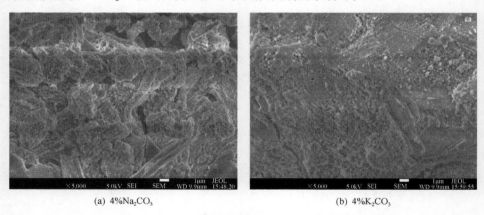

(a) 4%Na$_2$CO$_3$　　　　　　　　　　　　　　　(b) 4%K$_2$CO$_3$

图 4.20　镁渣/CO$_3^{2-}$添加剂激冷水合脱硫剂表观形貌

4.7　镁渣添加剂激冷水合脱硫剂的脱硫性能

　　NaCl、CaCl$_2$、Na$_2$CO$_3$、K$_2$CO$_3$、Na$_2$SO$_4$、CaSO$_4$ 等添加剂制备的镁渣激冷水合脱硫剂的脱硫性能在图 3.6 所示的系统中进行表征，脱硫反应参数同前。

4.7.1　镁渣/Cl⁻激冷水合脱硫剂的钙转化率

　　不同浓度的 NaCl、CaCl$_2$ 炽热镁渣激冷水合脱硫剂的钙转化率如图 4.21(a)和

(b)所示。结果表明，炽热镁渣/Cl⁻添加剂激冷水合后，其钙转化率得到了较大的提升。仅采用激冷水合，获得的钙转化率为 24.63%。在所研究的添加剂量范围内，加入 1% NaCl 改性后的钙转化率最高，为 28.53%。加入 $CaCl_2$ 改性后，镁渣脱硫剂的脱硫性能提升更高，在添加剂量的研究范围内，1% $CaCl_2$ 改性脱硫剂的钙转化率为最高，达 35.06%。4.6.2 节添加剂激冷水合脱硫剂的微观特征结果指出，NaCl、$CaCl_2$ 添加剂对微观特征的影响基本相当，但是添加 $CaCl_2$ 后，平均孔径大于添加 NaCl 后的脱硫剂；同时，经 $CaCl_2$ 改性后，镁渣脱硫剂表面出现了更多破碎的小颗粒和裂隙，并生成了很多针刺状新产物。因此，$CaCl_2$ 改性的脱硫剂性能略高于 NaCl 改性后的脱硫剂。

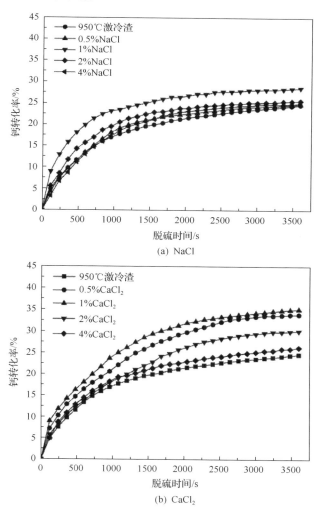

(a) NaCl

(b) $CaCl_2$

图 4.21 Cl⁻添加剂对镁渣激冷水合脱硫剂钙转化率的影响

4.7.2 镁渣/SO₄²⁻激冷水合脱硫剂的钙转化率

当加入 Na_2SO_4 和 $CaSO_4$ 改性炽热镁渣激冷水合脱硫剂时，不同浓度改性脱硫剂的钙转化率如图 4.22(a) 和(b) 所示。研究结果表明，在所研究的三种 Na_2SO_4 浓度情况下，2%添加剂浓度获得的镁渣脱硫剂的钙转化率最高，达 40.16%；4%Na_2SO_4 镁渣脱硫剂的钙转化率略低，为 38.0%；1%Na_2SO_4 镁渣脱硫剂的钙转化率最低，为 32.5%。所以，从提高钙转化率的角度，并不是加入的 Na_2SO_4 添加

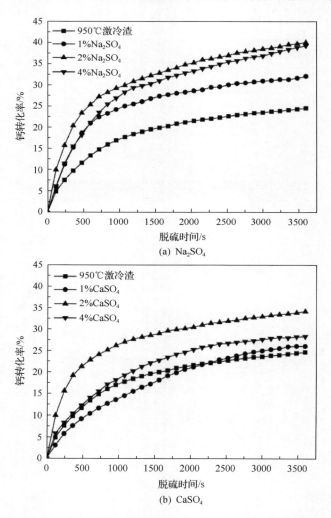

(a) Na_2SO_4

(b) $CaSO_4$

图 4.22 SO_4^{2-}添加剂对镁渣激冷水合脱硫剂的钙转化率的影响

剂的浓度越高，脱硫剂的脱硫性能越好。$CaSO_4$ 改性添加剂的最佳浓度也为 2%，最终脱硫剂的钙转化率为 34.18%；其次为 4% 和 1% 添加剂所得脱硫剂，钙转化率分别为 28.0% 和 26.0%。对比 Na_2SO_4 和 $CaSO_4$ 添加剂改性脱硫剂的钙转化率，Na_2SO_4 的改性效果比 $CaSO_4$ 的改性效果更优。

从 4.6.2 节添加剂改性脱硫剂的微观参数结果对比发现，2%Na_2SO_4 改性后的脱硫剂平均孔径、比表面积、比孔容积以及比孔面积均优于 2%$CaSO_4$ 改性后的脱硫剂，这与脱硫性能一致。

4.7.3 镁渣/CO_3^{2-} 激冷水合脱硫剂的钙转化率

Na_2CO_3 和 K_2CO_3 对改性脱硫剂的钙转化率的影响如图 4.23 所示。从图 4.23 (a) 中可以发现，三种浓度的 Na_2CO_3 的加入均使炽热镁渣激冷水合脱硫剂的脱硫性能得到了不同程度的提升。在所研究的浓度范围内，4%Na_2CO_3 改性脱硫剂的钙转化率最高，为 38.56%；其次是 2% 和 1% 浓度的改性脱硫剂，钙转化率分别为 35.5% 和 30.0%。因此，对于 Na_2CO_3，随着添加剂浓度的增加，改性脱硫剂的钙转化率均呈现不断增加的趋势。图 4.23 (b) 的结果指出，利用 K_2CO_3 添加剂制备的改性脱硫剂，4% K_2CO_3 改性的脱硫剂钙转化率最高，为 37.06%；而在 2% 和 1% 浓度条件下制备的脱硫剂，钙转化率分别为 31.0% 和 27.0%。显然，不同浓度的 K_2CO_3 对改性脱硫剂的性能的影响与 Na_2CO_3 相似，即钙转化率均随着添加剂浓度的增加而增加。

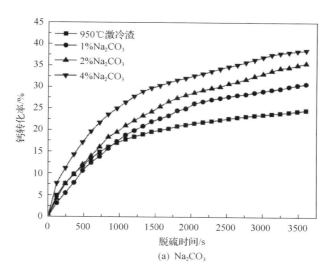

(a) Na_2CO_3

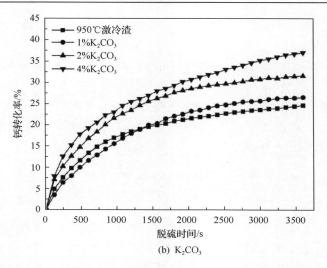

图 4.23　CO_3^{2-} 添加剂对镁渣激冷水合脱硫剂钙转化率的影响

　　对比 Na_2CO_3 和 K_2CO_3 的改性规律,两者呈现相似的特征,即 Na_2CO_3 和 K_2CO_3 的加入均使炽热镁渣激冷水合脱硫剂的脱硫性能得到了较大提升。随着 CO_3^{2-} 浓度的增加,改性脱硫剂的钙转化率均呈现增加趋势,并且在相同的浓度条件下,改性的效果基本相当,其中,Na_2CO_3 改性脱硫剂的钙转化率略高于 K_2CO_3 改性脱硫剂的钙转化率。CO_3^{2-} 对炽热镁渣激冷水合脱硫剂的改性主要是通过与炽热镁渣激冷水合的产物 $Ca(OH)_2$ 反应生成 $CaCO_3$,并在镁渣表面附着结晶,从而提高其脱硫性能。当有 Na^+ 加入时,会伴随着钠黄长石的生成,延缓脱硫产物 $CaSO_4$ 在高温时的分解,从而进一步改善其脱硫效果。王晋刚等[30]在研究中也发现,硫酸盐对钙基脱硫剂比表面积提高作用的结果一致。

4.8　小　　结

　　本章基于镁渣晶体结构随其温度变化演化的特征,分别采用镁渣激冷水合、镁渣/粉煤灰激冷水合以及镁渣/多种添加剂激冷水合改性方法制备脱硫剂。镁渣激冷水合后,微观结构特征的改变大于自然冷却镁渣水合,脱硫剂的钙转化率达29.43%。镁渣/粉煤灰激冷水合脱硫剂,钙转化率高达 61.13%,比自然冷却镁渣/粉煤灰水合脱硫剂的钙转化率 36.70% 高 24.43%。镁渣/多种添加剂激冷水合反应体系,对比 Cl^-、SO_4^{2-} 和 CO_3^{2-} 改性脱硫剂最终的钙转化率,在本研究条件下,改性效果最优的添加剂为 Na_2SO_4,最优条件下脱硫剂的钙转化率高达 40.16%,而 Na_2CO_3 和 K_2CO_3 的改性效果略差。炽热镁渣添加剂激冷水合脱硫剂的钙转化率远高于自然冷却镁渣添加剂最优条件下的钙转化率(18.32%)。

参 考 文 献

[1] 高术杰, 倪文, 李克庆, 等. 用水淬二次镍渣制备矿山充填材料及其水化机理[J]. 硅酸盐学报, 2013, 41(5): 612-619.

[2] Gautier M, Poirier J, Bodénan F, et al. Basic oxygen furnace (BOF) slag cooling: Laboratory characteristics and prediction calculations[J]. International Journal of Mineral Processing, 2013, 123(5): 94-101.

[3] Zhao P, Liu X, Wu J, et al. Rietveld quantification of γ-C_2S conversion rate supported by synchrotron X-ray diffraction images[J]. Journal of Zhejiang University Science A, 2013, 14(11): 815-821.

[4] Mostafa N Y, El-Hemaly S A S, Al-Wakeel E I, et al. Characterization and evaluation of the hydraulic activity of water-cooled slag and air-cooled slag[J]. Cement and Concrete Composites, 2001, 31(1): 899-904.

[5] 王观华. 循环流化床灰渣冷却活化新方法试验研究[D]. 杭州: 浙江大学, 2003.

[6] Jia L, Fan B G, Huo R P, et al. Study on quenching hydration reaction kinetics and desulfurization characteristics of magnesium slag[J]. Journal of Cleaner Production, 2018, 190(20): 12-23.

[7] 李林香, 谢永江, 冯仲伟, 等. 水泥水化机理及其研究方法[J]. 混凝土, 2011, 33(6): 76-80.

[8] 张雄, 鲁辉, 张永娟, 等. 矿渣活性激发方式的研究进展[J]. 西安建筑科技大学学报(自然科学版), 2011, 43(3): 379-384.

[9] 周祥家, 叶良云. 由水化反应的活性中心探讨波特兰水泥的水化机理[J]. 武汉工业大学学报, 1991, 13(2): 52-58.

[10] 张联盟, 黄学辉, 宋晓岚. 材料科学基础[M]. 武汉: 武汉理工大学出版社, 2008.

[11] 赵晓刚. 水化硅酸钙的合成及组成、结构与形貌[D]. 武汉: 武汉理工大学, 2010.

[12] 彭敏, 周亚民, 廖祥江, 等. 水热法制备粉煤灰钙基脱硫剂[J]. 广东化工, 2010, 37(8): 73-74.

[13] 杨靖. 镁还原渣水合制备脱硫剂的试验研究[D]. 太原: 太原理工大学, 2013.

[14] 张威, 王梅, 刘明, 等. 燃煤高温固硫的机理及固硫影响因素探讨[J]. 环境保护科学, 2008, 34(3): 4-7.

[15] 王丽英, 杨巧文, 张亚楠, 等. 燃煤固硫添加剂的研究[J]. 材料科学, 2007, 26(17): 47-49.

[16] 滕斌, 程乐鸣, 高翔, 等. 复合钙基脱硫剂的技术经济性能研究[J]. 工业锅炉, 2001, (1): 19-22.

[17] 李宏扬, 丁跃华, 邱正秋, 等. Fe_2O_3 和 K_2CO_3 对钙基添加剂脱硫脱硝的影响[J]. 化工环保, 2015, 35(5): 552-556.

[18] 傅勇, 林国珍. 型煤燃烧固硫的钠离子效应[J]. 环境化学, 1994, 13(6): 492-493.

[19] 王乃华, 高强, 王庆东, 等. 浆液组分添加剂对喷雾干燥烟气脱硫性能影响的研究[J]. 动力工程, 2001, 21(3): 1280-1285.

[20] 李锦时, 朱卫兵, 周金哲, 等. 喷雾干燥半干法烟气脱硫效率主要影响因素的实验研究[J]. 化工学报, 2014, 65(2): 724-729.

[21] Izquierdo J F, Fite C, Cunill F, et al. Kinetic study of the reaction between sulfur dioxide and calcium hydroxide at low temperature in a fixed-bed reactor[J]. Journal of Hazardous Materials, 2000, 76(1): 113-123.

[22] 刘妮. 钙基脱硫剂反应性能评价体系及反应机理的研究[D]. 杭州: 浙江大学, 2002.

[23] 张虎, 佟会玲, 董善宁, 等. 使用添加剂调质钙基脱硫剂[J]. 化工学报, 2006, 25(2): 385-390.

[24] Adanez J, Fierro V, Garcia L F, et al. Study of modified calcium hydroxides for enhancing SO_2 removal during sorbent injection in pulverized coal boilers[J]. Fuel, 1997, 76(3): 257-265.

[25] David A K, Wojciech J. Structural changes in surfactant-modified sorbents during furnace injection[J]. AIChE Journal, 1989, 35(3): 500-506.

[26] 朱光俊, 梁中渝, 邓能运. 燃煤固硫剂及添加剂的研究现状[J]. 工业加热, 2004, 33(4): 21-24.

[27] 程建光, 周光柱, 房建国, 等. 氯化钙在型煤燃烧过程中固硫作用的研究[J]. 煤矿环境保护, 2001, 15(4): 25-27.

[28] 权昆, 武福运. 铝酸钠溶液中硅酸二钙的分解及抑制[J]. 有色矿冶, 2005, 21(2): 27-28

[29] Borgwardt R H, Bruce K R, Blake J. An investigation of product-layer diffusivity for calcium oxide sulfation[J]. Industrial and Engineering Chemistry Research, 1987, 26(10): 2921-2936.

[30] 王晋刚, 王道斌. 硫酸盐在粉煤灰改性钙基脱硫剂技术中的应用[J]. 天津化工, 2009, 23(3): 27-28.

5 镁渣激冷水合反应动力学

5.1 水合反应动力学

5.1.1 化学反应动力学

反应动力学即反应进程与时间的关系。化学反应动力学是从动态的观点分析反应过程，其研究对象主要包括三个方面：化学反应的条件与化学反应速率之间的相互关系、化学反应机理和物质的结构对化学反应能力的影响。

化学反应的条件主要包括内因与外因两个方面：内因与物质本身的性质有关，例如物质组分、孔隙结构、晶体结构、化学键的结合方式、表观形貌、物质的状态、密度、粒径等物理化学性质；而外因则主要由外界条件决定，包括催化剂、反应温度、反应压力、搅拌作用、浓度等。化学反应机理主要是指反应进行时所经历的步骤。物质的结构对化学反应能力的影响则已包含在化学反应条件的内因中。

对于炽热镁渣激冷水合反应来说，考虑的反应条件主要包括炽热镁渣激冷温度、液固比、水合温度和水合时间四个因素。

为了进一步确定激冷温度、液固比等四个因素对反应速率的影响，需要求取化学反应速率。一般并不能通过实验直接测得反应速率，而是需要通过实验测得的浓度 c 或者是转化度 α 的变化来获得其与时间的关系，即动力学方程。

当反应在恒温下进行时，均相反应的动力学方程如式(5-1)所示：

$$\frac{\mathrm{d}c}{\mathrm{d}t} = kf(c) \tag{5-1}$$

式中，c 为浓度，$\mathrm{mol \cdot L^{-1}}$；$k$ 为反应速率常数；$f(c)$ 为反应机理函数；t 为反应时间，h。

对于非均相反应来说，用浓度所表示的反应动力学方程已不再适用，对于本研究中的炽热镁渣激冷水合反应来说，需要用转化度 α 来代替。因此，非均相的动力学方程可用式(5-2)表示。

$$\frac{\mathrm{d}\alpha}{\mathrm{d}t} = kf(\alpha) \tag{5-2}$$

式中，α 为转化度；k 为反应速率常数；$f(\alpha)$ 为反应机理函数；t 反应时间，h。

化学反应速率常数可以用阿累尼乌斯定理表示，其微分形式和积分形式如式(5-3)、式(5-4)所示。

$$\frac{\mathrm{d}\ln k}{\mathrm{d}T} = \frac{E_a}{RT^2} \tag{5-3}$$

$$k = A\mathrm{e}^{-\frac{E_a}{RT}} \tag{5-4}$$

式中，A 为指前因子；E_a 为活化能，$kJ \cdot mol^{-1}$；R 为理想气体常数，$8.314 J \cdot (mol \cdot K)^{-1}$；$k$ 为反应速率常数；T 为热力学温度，K。

将式(5-4)代入式(5-2)中，得到反应动力学方程(5-5)：

$$\frac{\mathrm{d}\alpha}{\mathrm{d}t} = A\mathrm{e}^{-\frac{E_a}{RT}}f(\alpha) \tag{5-5}$$

由此可知，要对反应过程进行研究，就必须获得指前因子 A、活化能 E_a 以及反应机理函数 $f(\alpha)$ 等参数和方程。

5.1.2 水合反应动力学研究方法

在有关硅酸盐物质的研究中，有学者采用电导率(电阻率)对反应进行分析。张宝述等[1]认为，硅酸盐物质的悬浮液由不同的带电粒子组成，如离子、水合离子、胶粒和颗粒等。这些带电粒子使得硅酸盐物质的悬浮液具有导电性，并且当溶液中物质的溶解度增加时，带电粒子增加，电导率增加。针对水泥这种硅酸盐物质，Heakil 等[2]认为，水泥水化时，电阻率随时间的变化过程可以从微观和宏观两个方面反映水泥浆体的物理变化和化学变化过程，并表征水泥水化过程中水泥基材料的孔隙变化等微观特性以及强度等宏观性能。Morsy[3]和 Sinthaworn 等[4]研究不同温度下浆体的电阻率变化，结果表明，水化初期电阻率随温度的升高而升高，并将上述原因归结为初期可溶性物质的溶解。隋同波等[5]和魏小胜等[6~8]认为，电阻率与水泥水化程度呈正相关关系，并且电阻率微分曲线中的峰值可以反映不同水合物质的生成，从而将反应分为不同的阶段。同时，还可以用电阻率计算水泥水化反应的液相活化能。当水灰比增大时，孔隙液相的活化能会减小，此外，还可以依据浆液 24h 的电阻率数据预测水泥水化 28 天的强度。

还有学者采用 pH 研究反应过程。刘飚等[9]认为，在反应进入诱导期以前，pH、Ca^{2+}浓度、电导率均增大，表明三者之间均存在正相关关系。但是，当水化时间大于 10h 时，反应进入减速期以后，pH 则逐渐趋于平缓。车东日等[10]分析 pH 与强度的关系，同时提出可以采用电导率与 pH 相结合的方法判定强度。但是其测得的 pH 随反应时间的增加而减小，这与刘飚的研究结果不一致，原因有两个方面：一是二者的水灰比相差在 20 倍以上；二是测定时间不同，前者主要是反应 1 天的 pH 变化，后者则是反应 28 天的 pH 变化。

Krstulović 等[11]提出水泥水化反应过程三段论，认为反应经历基于 Avrami-Erofeev 方程的结晶成核过程(nucleolus grow, NC)、相边界反应过程(interface, I)、扩散过程(diffusion, D)三个阶段。在反应前 1h 主要为 NG 过程，之后为 I 控制，反应的最后阶段由 D 控制。反应速率常数 k 随 NG、I、D 过程逐渐减小，且 NG 阶段的反应级数在 1.7~2 之间。阎培渝等[12]采用 Krstulović-Dabić 模型进行水泥水化动力学分析，认为反应并不是完全由 NG、I、D 三个过程依次控制，也存在由 NG 阶段直接进入 D 阶段的控制方式，两种控制方式分别对应用时较长的缓慢反应和用时较短的剧烈反应过程。金贤玉等[13]用反应过程中粒径的变化表示反应程度，并考虑孔隙率、水泥颗粒和水的接触面积、温度等多种因素对反应的影响，在此模型的基础上进行改进以预测微观参数。

在有关水泥等硅酸盐水化的动力学研究中，主要通过两种方法求取转化度 α(也叫水化程度)。一种是采用等温量热法测定反应放热量，获得反应放热量与反应放热速率之间的关系，用 Knudsen 方程求取反应的最大放热量，而水化程度 α 即为某一时刻的放热量与最大放热量的比值[14,15]。另一种方法是测定反应过程中的化学结合水量的变化情况[16~18]，在一定水化时间内，某一时刻的化学结合水量与完全水化时的化学结合水量的比值即为水化程度(见 4.1.1 节)。

还有学者采用电阻率法、XRD 法、SEM 法等传统方法确定水化程度。此外，图像分析法[19,20](采用背散射电子图像法(back scattered electron imaging, BSE)和 EDS 分析法相结合)、计算机模拟法[21]等技术手段也被广泛用于水合反应过程的研究。

本书借鉴水泥水化等液固型反应动力学的研究方法，研究炽热镁渣激冷水合反应动力学及其特征。同时，借鉴有关硅酸盐水合反应的动力学研究方法，采用化学结合水法、SEM 法分析炽热镁渣激冷水合反应动力学，明确反应过程中表观形貌的变化，并通过化学结合水法获得反应动力学方程。

5.2　镁渣激冷水合反应动力学

炽热镁渣激冷水合反应属于液固型反应，此种类型的反应大多数是在界面上进行。所以，反应物向界面扩散是不可缺少的步骤，一方面反应物向界面扩散进行反应，另一方面产物由于浓度梯度的存在，也要由界面向外扩散。因此，扩散和反应是紧密相连的[22]。

根据 4.1.1 节水合反应程度所获得的最佳参数，炽热镁渣激冷水合反应的最优组合为：激冷温度为 950℃，液固比为 8，水合时间为 8h。由极差值 R 可以确定这三个因素对水合反应影响程度的先后顺序为水合时间、激冷温度和液固比。其中，水合时间与激冷温度的极差值相差不大，说明二者对水合反应影响均较大，而液固比的极差值相较于前两者较小，表明液固比对水合反应影响较小。

5.2.1　三种激冷温度的反应程度

图 5.1 是正交试验中激冷温度为 950℃，液固比为 3、8 和 15 的水合反应程度变化曲线。结果指出，在不同水合阶段，液固比对反应的影响不一致。当水合时间 $0 < t_H \leqslant 4h$，液固比为 3 时，水合反应程度最高，液固比为 8 和 15 的反应程度则相差不大。当 $t_H > 4h$ 时，液固比的增大有利于水合反应的进行。在水合时间为 6h 时，水合反应程度达到最大值。当 $t_H > 6h$ 时，水合反应程度开始降低，部分水合产物分解。反应从 6h 开始，不同液固比下的水合反应程度相差较大，表明液固比的影响主要发生在水合反应后期。在水合反应后期，液固比为 15 的水合反应程度明显高于液固比为 8 的水合反应程度。结合 $d\alpha/dt$ 随时间的变化关系发现，从水合时间为 2h 开始，液固比为 15 的水合反应速率依次大于液固比为 8 和 3 的水合反应速率，并且这种优势一直持续到水合反应后期。因此，从总体来看，液固比越大，越有利于水合反应的进行。这与众多研究者[23,24]的结论一致，液固比越大，水合脱硫剂越容易扩散，从而为反应提供较大的反应面积与空间。同时，水分子也容易通过毛细孔进一步与镁渣颗粒接触反应，两者使得水合反应更加充分。

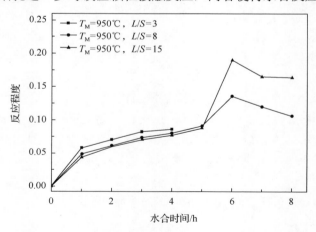

图 5.1　液固比对反应程度的影响（激冷温度为 950℃）

图 5.2 和图 5.3 是激冷温度为 650℃和 150℃时，不同液固比下水合反应程度的变化趋势。从图 5.2 中可以看出，与激冷温度为 950℃时不同的是，在水合反应早期，液固比对水合反应程度的影响即表现出较大的差距，且水合反应程度达到

最大值时的水合时间由 6h 推迟到 8h。后期反应程度表现出较大差距，情形与激冷温度为 950℃时一致。图 5.3 则表明，随着激冷温度的进一步降低，在水合反应初期，不需要高的液固比即可达到较大的反应程度。

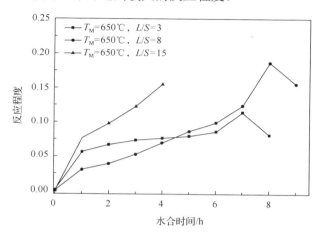

图 5.2　液固比对反应程度的影响(激冷温度为 650℃)

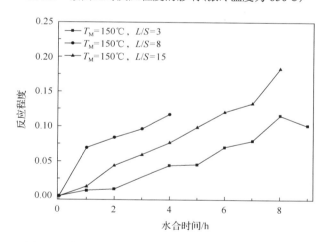

图 5.3　液固比对反应程度的影响(激冷温度为 150℃)

因此，相同液固比条件下，当激冷温度较高时，由于镁渣本身的活性得到改善，其物质间的化学反应速率相对较快，而扩散速率则较慢，反应主要受扩散控制。当激冷温度较低时，镁渣活性相对较低，扩散速率要快于化学反应速率，反应主要受化学反应控制。

5.2.2　三种激冷温度对应最佳液固比的反应程度

图 5.4 表示三种激冷温度及其所对应的最佳液固比条件下的反应程度随水合

时间变化的对比。从结果可以看出，在相同水合时间下，较高的激冷温度所对应的最佳液固比也比较大，相应的反应程度比较高；激冷温度较低时，对应的最佳液固比则比较小，相应的反应程度也比较低。所以，较高的激冷温度会缩短水合时间。

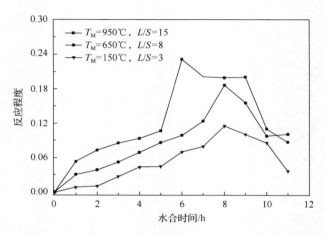

图 5.4　激冷温度和液固比对水合反应程度的影响

5.3　镁渣激冷水合反应动力学模型

5.3.1　单变量水合反应动力学分析

正交试验结果表明，炽热镁渣激冷温度和水合时间对水合反应的影响较大，而液固比的影响相对较小。为此，本节研究水合温度和激冷温度对水合反应动力学特性的影响。

5.3.1.1　水合温度对水合反应动力学的影响

图 5.5 为液固比为 8、激冷温度为 950℃时，不同水合温度下反应程度随时间的变化规律。从图中可以看出，随着水合反应的进行，反应程度呈现三个阶段。在 $0h < t_H < 3h$ 时，反应程度迅速增加；当 $3h \leqslant t_H < 5h$ 时，反应程度增加相对缓慢；水合反应进行到 6h 时，反应程度增加至最大值；随着水合时间的增加，7h 时反应程度开始降低，这说明部分水合脱硫剂发生分解。从图中还可以看出，随着水合温度的升高，反应程度逐渐增大，这与 Deschner 等[25]所得结论一致。

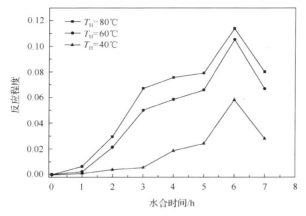

图 5.5　水合温度对水合反应程度的影响

很多学者采用 Renendo 模型对水合反应过程进行分析。Renendo 采用液固相的缩核模型尝试分析水合反应，模型中考虑了化学反应以及扩散过程[26]。当化学反应为控制步骤时，缩核模型的动力学表达式可以采用式(5-6)表示。

$$1-(1-\alpha)^{1/3}=kt \tag{5-6}$$

当反应由通过产物层的扩散速率控制时，动力学表达式见式(5-7)。

$$1-3(1-\alpha)^{2/3}+2(1-\alpha)=k't \tag{5-7}$$

式中，k 为化学反应速率常数；k' 为扩散速率常数；t 为反应时间，h；α 为水合反应程度。

对于混合控制的缩核模型，动力学方程见式(5-8)。

$$t=\frac{1}{k}[1-(1-\alpha)^{1/3}]+\frac{1}{k'}[1-3(1-\alpha)^{2/3}+2(1-\alpha)] \tag{5-8}$$

采用上述方程分别计算不同水合温度下 $1-(1-\alpha)^{1/3}$ 和 $1-3(1-\alpha)^{2/3}+2(1-\alpha)$ 随水合时间的变化。以 $1-(1-\alpha)^{1/3}$ 和 $1-3(1-\alpha)^{2/3}+2(1-\alpha)$ 分别为纵坐标，t 为横坐标，对水合反应进行分阶段的线性拟合，结果见表 5.1 和表 5.2。

表 5.1　化学反应控制动力学参数

水合温度	0～3h		3～5h		5～6h		0～6h	
	k	R^2	k	R^2	k	R^2	k	R^2
$T_H=80℃$	0.00763	0.86	0.00213	0.90	0.0124	0.94	0.00659	0.95
$T_H=60℃$	0.00572	0.83	0.00274	0.99	0.0140	0.96	0.0059	0.94
$T_H=40℃$	0.00066	0.94	0.00311	0.90	0.0117	0.93	0.00284	0.94

表 5.2　扩散控制动力学参数

水合温度	0～3h		3～5h		5～6h		0～6h	
	k'	R^2	k'	R^2	k'	R^2	k'	R^2
$T_H=80℃$	0.00049	0.62	0.00031	0.90	0.0024	0.88	0.0007	0.84
$T_H=60℃$	0.00027	0.61	0.00032	0.99	0.00239	0.82	0.00056	0.73
$T_H=40℃$	0.00036	0.85	0.00009	0.99	0.00096	0.56	0.00014	0.43

　　由表 5.1 和表 5.2 可知,在不同的水合反应阶段,反应的控制步骤不同。在水合反应早期,即 0～3h 内,反应主要由化学反应控制,并且随着水合温度的升高,反应速率常数呈现逐渐增大的趋势,这是因为水合温度的升高有利于镁渣中可溶性物质的溶解,同时其使得反应浆液的电导率增加,离子活度增加,反应速率加快。在 3～5h 内,反应由化学反应和扩散同时控制,这一阶段的化学反应速率会随着温度的升高而逐渐降低,而扩散速率则是水合温度为 60℃时最大,40℃时最小。因为当水合反应温度为 80℃时,镁渣中的活性物质在早期水合反应过程中生成较多的水合脱硫剂,而水合脱硫剂在镁渣颗粒表面形成,阻碍镁渣中反应物向外扩散以及 OH 向颗粒表面扩散。因此,反应浆液中反应物的浓度相对减小,化学反应速率降低。当水合温度为 40℃时,由于温度相对较低,镁渣中的物质缓慢溶解,反应处于缓慢的结晶成核过程中。

　　由此可见,水合反应由扩散和化学反应共同控制。因此,本研究进一步尝试采用混合控制模型进行分析。模型与试验数据之间的关系用图 5.6 表示,图 5.6(a)、(b) 和 (c) 分别代表水合温度为 80℃、60℃和 40℃时模型与试验数据之间的关系。

　　从图 5.6 中可以看出,不同水合温度工况下的模型与试验数据基本符合。有研究表明[27],模拟所得到的化学反应速率常数 k 和扩散速率常数 k' 的比值 ρ(即 $\rho=(1/k')/(1/k)$)可以确定反应模型的主要控制形式。当 $\rho \ll 1$ 时,反应主要由本征化学反应控制;当 $\rho \geqslant 10$ 时,反应由通过产物层的扩散过程控制(忽略外部质扩散);当 ρ 介于 1 和 10 之间时,反应不仅由本征化学反应控制,同时还受到通过产物层的扩散过程的影响,即反应由两者共同控制。当水合温度分别为 80℃、60℃和 40℃时,ρ 值分别为 1.4136、3.3313 和 11.5270,表明水合温度为 80℃、60℃和 40℃时,反应基本由本征化学反应和通过产物层的扩散过程两个过程共同控制。

　　以化学反应控制时所得到的速率常数来计算反应活化能,其值为 19.59kJ·mol^{-1}。活化能是反应物分子到达活化分子所需要的最小能量,表示能垒的高度,能够反映化学反应发生的难易程度[28]。

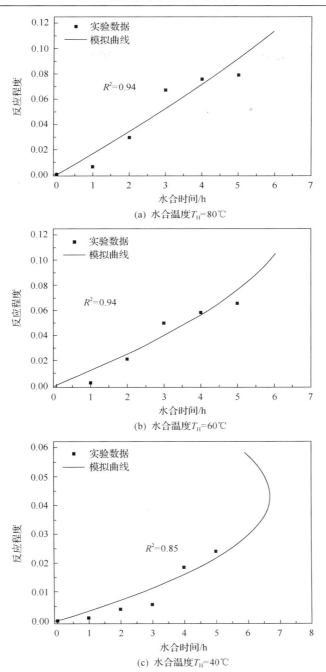

图 5.6　混合控制模型

5.3.1.2 激冷温度对反应动力学的影响

图 5.7(a)、(b)分别为不同激冷温度下水合反应程度的变化规律。由图 5.7(a)可知,当水合时间为 3h 时,激冷温度为 750℃时水合程度最高,这是因为镁渣颗粒外表面粉化,使得水合反应浆液的浓度增大,反应速率相对较快,反应程度增加。随着反应的进行,不同激冷温度下的水合反应程度均增大,并且在 7h 时达到最大值,此时,激冷温度为 950℃时的水合反应程度最大。由 SEM 图可知,当激冷温度相对较高时,颗粒表面由于内外温差较大而产生不同程度的开裂,为反应提供了通道,使得可溶性物质溶出,同时,水合温度相对较高也会促进反应进行。由图 5.7(b)可知,激冷温度小于 750℃、水合反应时间为 7h 时,随着激冷温度的升高,由于脱硫剂表面的开裂程度增大,反应面积得到增加,进而促进了水合反应的进行。

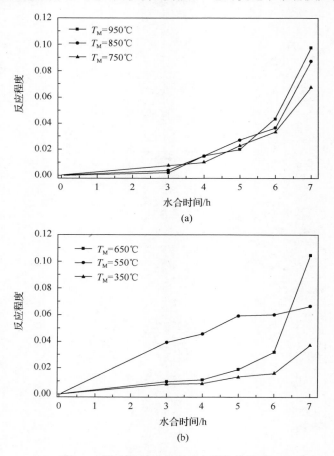

图 5.7 激冷温度对水合反应程度的影响

Avrami 方程(式(5-9))的适用条件为等温反应体系，Thomas 等[29]将其用于硅酸三钙的水合反应，采用等温量热法获得水合参数，并确定 Avrami 指数 n 值为 3。根据不同的测试手段，包括等温量热法、NMR 法和 XRD 法等，得出 n 值介于 2 和 3 之间。在放热速率达到峰值前，n 为 3.75，考虑到几何尺寸对反应的影响，假设 n 接近于 4 是合理的。

$$x = 1 - \exp(-(kt)^n) \tag{5-9}$$

式中，x 为结晶程度；k 为结晶成核速率常数；n 为阿弗拉密指数(Avrami 指数)，其值介于 0.5～4 之间，与物理参数和速率控制步骤有关；t 为反应时间，h。

本研究采用 Avrami 方程分析不同激冷温度下的水合反应，所用方程式可以用式(5-10)表示，其中式(5-11)～式(5-13)分别表示此式的线性变换及动力学方程的微积分形式，各变量含义同上。

$$a = 1 - \exp(-kt^n) \tag{5-10}$$

$$(-\ln(1-a))^{1/n} = k^{1/n}t = Kt \tag{5-11}$$

$$\ln(-\ln(1-a)) = n \ln K + n \ln t \tag{5-12}$$

$$\frac{\mathrm{d}a}{\mathrm{d}t} = Kn(1-a)(-\ln(1-a))^{(n-1)/n} \tag{5-13}$$

不同激冷温度下的 Avrami 分析结果如图 5.8 所示。由图可知，不同激冷温度下的结果均可以较好地采用 Avrami 方程表示，即镁渣激冷水合反应符合结晶成核动力学模型。由以上结果可得出反应动力学参数，如表 5.3 所示。

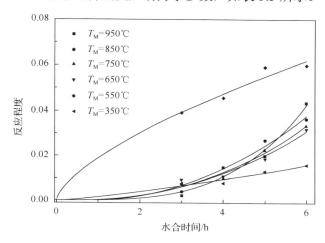

图 5.8　Avrami 方程分析

表 5.3　Avrami 方程动力学参数(不同激冷温度)

镁渣激冷温度	k	n	R^2
$T_M=950℃$	0.00009	3.43	0.97
$T_M=850℃$	0.00049	2.44	0.97
$T_M=750℃$	0.00039	2.50	0.98
$T_M=650℃$	0.00051	2.30	0.97
$T_M=350℃$	0.00165	1.27	0.96

由表 5.3 可知，各水合工况下的 n 值均在要求的范围内，并且线性相关系数 R^2 均大于或者等于 0.96。由于 n 值均不是整数，表明反应同时存在非均相成核和均相成核，即发生在镁渣颗粒表面以及水合脱硫剂上的成核作用。有研究表明[30]，水合硅酸二钙与硅酸二钙之间的接触角为 30° 时，成核速率加快，生长模式为水平生长和垂直生长。在低温及液相为饱和状态时，以垂直生长为主，而在高温和非饱和状态下为水平生长模式。

当激冷温度为 950℃、850℃和 750℃时，结晶成核速率常数分别为 9.26E-5、4.90E-4 和 3.88E-4，Avrami 指数 n 分别为 3.43、2.44 和 2.50，即激冷温度的升高使得结晶成核速率常数降低，n 增大。当激冷温度为 750℃、650℃和 350℃时，结晶成核速率常数分别为 3.88E-4、5.10E-4 和 1.65E-3，n 分别为 2.50、2.30 和 1.27，即受激冷温度降低的影响，结晶成核速率常数不断增大，n 不断降低。由式(5-13)反应速率 $d\alpha/dt$ 可知，$d\alpha/dt$ 是由结晶成核速率常数、n 以及水合反应程度共同决定的。激冷温度的升高会加快水合反应速率，提高水合反应程度。

由图 4.5 可知，水合早期的脱硫剂附着在镁渣颗粒表面，主要为非均相成核的水平生长模式，其反应速率相对较低。水合后期，由于生成一定量的水合硅酸二钙，相当于在反应体系中加入水合硅酸钙晶种，反应产物的成核速率与生长速率急速增加，进一步进行均相成核。在这两种作用下，形成了无序细颗粒团聚体的水合脱硫剂。

5.3.2　多变量水合反应动力学分析

对于水合温度与激冷温度作为变量的激冷水合反应动力学过程，首先采用 Avrami 方程对不同水合温度下的水合反应进行动力学分析，得到水合反应的活化能等参数。

表 5.4 为不同水合温度下，Avrami 动力学参数的变化情况。由表 5.4 可知，不同水合温度下动力学参数的线性相关系数均在 0.95 以上，表明在三个水合温度下，水合过程也可以用 Avrami 方程表示。当水合温度由 40℃升高至 80℃时，结晶成核速率常数逐渐增大，随温度的变化依次为 7.60E-4、0.0112 和 0.0172，n 逐渐减小。结果说明，水合温度的升高会加快反应速率，与前述研究结果一致。

表 5.4 Avrami 方程动力学参数(不同水合温度)

水合温度	k	n	R^2
T_H=80℃	0.0172	1.04	0.95
T_H=60℃	0.0112	1.17	0.95
T_H=40℃	0.00076	2.17	0.97

依据表 5.4 中的结晶成核速率常数，采用阿累尼乌斯定律可以计算此水合反应的活化能。经线性拟合计算，得到激冷水合反应的活化能 E_a 为 72.37kJ·mol^{-1}。

由表 5.3 和表 5.4 可知，n 会随激冷温度与水合反应温度的变化而变化。分别采用线性拟合(R^2=0.99)和指数拟合(R^2=0.96)分析 n 与激冷温度以及 n 与水合温度之间的关系，见式(5-14)和式(5-15)。结合上述两式，进一步获得三者间的关系，用式(5-16)表示。

$$n = 0.00354 \times T_M - 0.982 \qquad (5\text{-}14)$$

$$n = 2303.659 \times e^{(-0.0223T_H)} \qquad (5\text{-}15)$$

$$n = (2.450 \times T_M - 678.339) \times e^{(-0.0223T_H)} \qquad (5\text{-}16)$$

不同激冷温度下的结晶成核速率常数不同，由阿累尼乌斯定律 $k=Ae^{-E_a/RT}$ 可知，在水合温度一定的情况下，激冷温度会影响指前因子 A。分析不同激冷温度下 A 的变化，得到 A 与激冷温度间呈指数关系(R^2=0.99)，见式(5-17)。

$$A = (-6.190 \times 10^7 \times T_M + 8.663 \times 10^{10}) \times e^{(-0.00209 \times T_M)} \qquad (5\text{-}17)$$

将式(5-14)代入 $k=Ae^{-E_a/RT}$，得

$$k = (-6.190 \times 10^7 \times T_M + 8.663 \times 10^{10}) \times e^{(-0.00209 \times T_M)} \times e^{-E_a/RT_H} \qquad (5\text{-}18)$$

将式(5-16)、式(5-18)以及活化能 E_a、反应气体常数 R 代入式(5-10)中，得到将激冷温度与水合温度考虑在内的适合于炽热镁渣激冷连续水合反应的动力学方程，用式(5-19)表示。

$$a = 1 - \exp\left(\begin{array}{l} -(-6.190 \times 10^7 \times T_M + 8.663 \times 10^{10}) \times e^{(-0.00209 \times T_M)} \times \\ e^{-8706.5195/T_H} \times t^{(2.450 \times T_M - 678.339) \times e^{(-0.0223T_H)}} \end{array} \right) \qquad (5\text{-}19)$$

采用式(5-16)~式(5-19)可以预测，不同激冷温度和水合温度下，Avrami 指数 n、指前因子 A、结晶成核速率常数 k、水合反应程度 α 的变化，图 5.9(a)、(b)、(c)和(d)分别表示对 n、A、k 和 α 的验证。结果表明，不同动力学参数的真实值和预测值之间的吻合度较好，并且水合反应程度的真实值和预测值之间的相对误差值也基本在±10%以内。

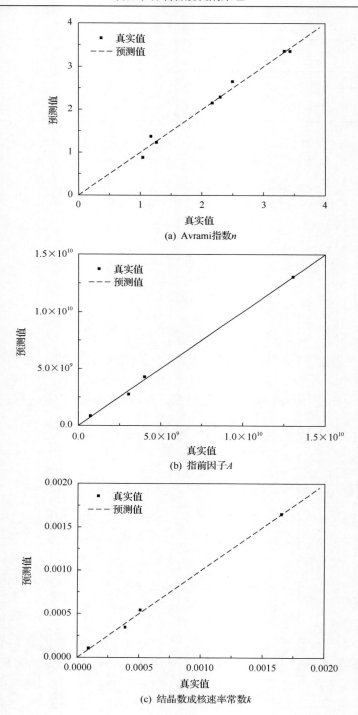

(a) Avrami指数n

(b) 指前因子A

(c) 结晶数成核速率常数k

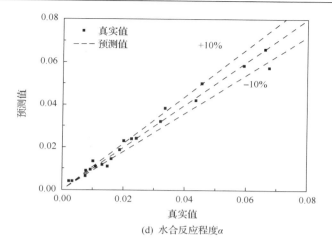

(d) 水合反应程度α

图 5.9　多变量水合反应动力学模型的验证

5.3.3　表观形貌与反应动力学

水合硅酸二钙作为水合产物,具有多孔结构,其中的[SiO$_4$]四面体主要表现为层状结构[31],Ca 则是连通各层的物质。在水合硅酸二钙中,水分子存在于水合产物的层间、孔隙以及表面,羟基则和钙或者硅相互结合。水合硅酸二钙的形貌结构主要为纤维状(Ⅰ型 C-S-H)或者是网络状(Ⅱ型 C-S-H)的粒子。图 5.10(a)~(f)分别是水合时间为 1h、2h、4h、6h、10h 和 12h 的 SEM 图。

由图 5.10 可知,当水合时间为 1h 时,镁渣颗粒表面基本没有出现水合产物,说明此刻反应比较缓慢,这与反应初期颗粒表面活性点较少有关。当水合时间为 2h 时,镁渣颗粒表面有絮状物附着,即反应只发生在镁渣颗粒表面。当水合时间

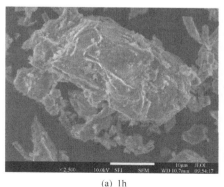

(a) 1h　　　　　　　　　　　　　　　(b) 2h

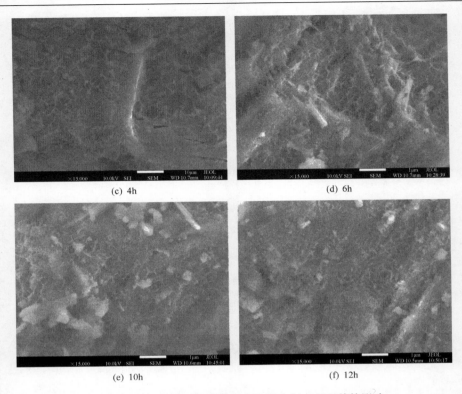

(c) 4h　　　　　　　　　　　　　　　(d) 6h

(e) 10h　　　　　　　　　　　　　　(f) 12h

图 5.10　水合时间对镁渣激冷水合脱硫剂表观形貌的影响

为 4h 时，反应依然在表面，水合产物增加，产物层较薄，但分布均匀。随着反应的继续进行，达到 6h 时，从颗粒表观形貌可以看出，水合产物明显增加。同时，颗粒表面形成的水合产物膨胀爆开。当水合时间分别为 10h 和 12h 时，水合产物聚合形成较大的网络状结构，同时颗粒表面附着小颗粒。从整体看，不同水合阶段，镁渣颗粒表面呈现三种结构：在水合反应前 4h，镁渣颗粒表面生成的水合产物较少，分散在颗粒表面；6h 时，镁渣颗粒表面产生膨胀现象，水合产物较多，呈现交叉结构；6h 以后，颗粒表面附着小颗粒。

5.4　水合反应程度与脱硫性能

为了考察水合反应程度与水合产物(脱硫剂)的脱硫性能的关系，本研究采用图 3.6 所示系统表征镁渣激冷水合脱硫剂的脱硫性能。

5.4.1　激冷温度与水合反应程度和钙转化率

图 5.11 为水合温度为 80℃、液固比为 15 时，不同镁渣激冷温度下的水合反

应程度和脱硫剂的钙转化率之间的关系曲线。从图中不难看出，激冷温度和水合反应程度、脱硫剂的钙转化率之间均存在正相关的关系，即镁渣激冷温度越高，水合反应程度和钙转化率就越大。自然冷却镁渣水合脱硫剂(图中对应为激冷温度0℃)的反应程度与钙转化率最低，分别为 0.05 和 9.3%。当激冷温度为 950℃时，反应程度和钙转化率最高，分别为 0.10 和 13.5%。

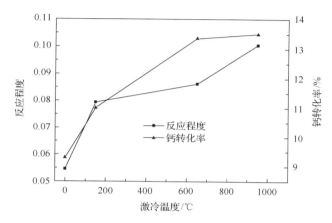

图 5.11　激冷温度对水合反应程度和钙转化率的影响

研究认为，在对炽热镁渣激冷处理的过程中，一方面由于炽热镁渣颗粒表面与内部的温差较大，使得镁渣破碎为小颗粒；另一方面，对炽热镁渣激冷处理，阻止了活性较高的 β-C_2S 转化为活性较低的 γ-C_2S，从而促进了水合产物的形成。在一定范围内，反应程度与钙转化率具有一致性，水合脱硫剂增加，则钙转化率也相应提高。

5.4.2　水合时间与水合反应程度和钙转化率

图 5.12 为激冷温度为 950℃、液固比为 15、水合温度为 80℃的条件下，不同水合时间水合反应程度和相应脱硫剂的钙转化率之间的关系。由图可知，当水合时间高于 6h，即水合时间为 8h 和 10h 时，脱硫反应的钙转化率由 29.43%逐渐下降为 23.0%和 21.0%，水合反应程度由 0.19 下降为 0.16 和 0.09。当水合时间由 4h 变为 6h 时，钙转化率则由 20%提高到 29.43%，反应程度由 0.07 升高至 0.19，表明随着水合反应的进行，即水合时间的增加，反应程度与钙转化率均呈现先增大后减小的趋势。当水合反应的时间为 6h 时，其水合样品的水合反应程度最大，同时，脱硫反应的钙转化率也最大。

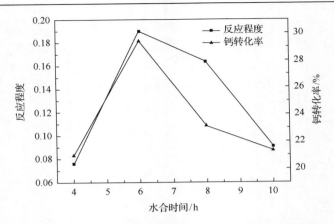

图 5.12　水合时间对水合反应程度与钙转化率的影响

有研究表明[32]，水合反应存在水合临界时间，即随着水合反应的进行，水合反应程度达到最大峰值。当水合反应时间超过最大峰值所对应的时间点时，部分水合脱硫剂会发生分解，从而导致水合反应程度下降，脱硫剂的脱硫性能也随之降低。水合脱硫剂由于相互交叉形成的空间网络结构具有较高的比表面积，促进了脱硫反应时的气固两相扩散，同时增大了脱硫反应的反应表面积。另一方面，水合硅酸二钙是一种含水性较丰富的物质，水分子存在于表面以及层间结构。这种高持水性的特点，使得在脱硫反应时，结晶水分分解逸出，给 SO_2 的扩散提供了另外的通道，从而提高了脱硫反应的钙转化率。当水合反应逆向进行时，水合脱硫剂发生分解，水合脱硫剂彼此粘连，微孔增多，不利于气相 SO_2 的扩散，钙转化率也相应降低。还有研究表明[33]，随着水合反应的进行，炽热镁渣激冷水合脱硫剂中参与脱硫反应的主要是介孔（2～50nm）。但是，水合时间过长，反而会导致不利于脱硫反应进行的微孔比例增加，导致钙转化率降低。

5.4.3　激冷水合脱硫剂的钙转化率与水合反应程度

制备脱硫剂的镁渣激冷温度为 950℃，液固比为 15，水合温度为 80℃，水合时间分别为 4h、6h、7h、8h、10h 和 11h 时，在相同的脱硫反应条件下（脱硫温度为 950℃，SO_2 浓度为 8571.43mg·m^{-3}，O_2 浓度为 5.0%），脱硫剂在不同脱硫时刻的钙转化率随水合时间的变化关系如图 5.13 所示。

结果指出，在其他水合参数相同的情况下，当水合反应时间由 4h 增至 11h 时，钙转化率呈现先增大后减小的趋势。水合时间为 6h 时，脱硫性能最好，钙转化率为 29.43%。水合时间为 11h 时，脱硫性能变差，钙转化率仅为 20.10%，表明水合样品的脱硫性能并不会随着水合时间的延长而单调增加。

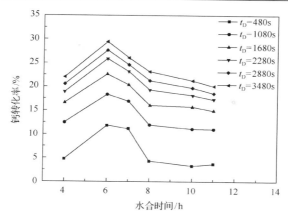

图 5.13　水合时间对钙转化率的影响

从结果还可以推断，在本研究的条件下，在脱硫反应早期，对改性效果一般的脱硫剂，由于存在大量未反应的新鲜的反应表面，扩散速率均较快，反应处于动力学控制，不同水合脱硫剂化学反应速率相差不大。但是，对于水合改性效果较好的脱硫剂，依然显示出钙转化率较高的优势。脱硫反应后期，随着 $CaSO_4$ 产物层的生成，扩散速率较低，反应处于扩散控制，同时会产生不参与反应的"死孔"[34]。水合反应效果相对较差的样品，如水合时间为 10h、11h 等，其反应表面积较小，且水合脱硫剂分解时结合水的逸出引起孔隙结构变形的效果也较差，因此，脱硫后期的扩散阻力大，钙转化率增加幅度小。

将不同水合时间制备脱硫剂的最终钙转化率和反应程度关联，可以得到镁渣激冷水合反应程度与水合脱硫剂钙转化率的关系，如图 5.14 所示。由结果发现，水合反应程度与钙转化率之间存在正相关关系，即水合反应程度越大，越有利于脱硫反应的进行。当水合反应程度为 0.071 时，钙转化率最小，为 20.1%；水合反应程度为 0.19 时，钙转化率最大，其值为 29.4%。

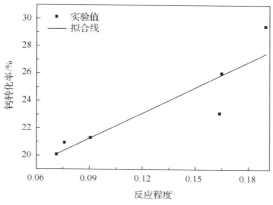

图 5.14　水合反应程度和钙转化率之间的关系

　　研究认为，当水合反应程度增大时，形成的水合脱硫剂含量增加，使得镁渣颗粒的比表面积和比孔容积增大，同时，微孔所占比例明显减少，而介孔和大孔所占比例提高。水合脱硫剂脱硫后的微孔、介孔、大孔的比表面积和比孔容积降低。由于介孔所占比例高达 85%～90%，可以认为主要是介孔参与脱硫反应。同时，水合反应程度越大，介孔比例越高，脱硫效果越好。另一方面，水合反应程度越大，水合硅酸二钙含量越大。水合硅酸二钙含量的高比表面积、高持水性等优点，可以促进 SO_2 与镁渣中的硅酸二钙反应，改善脱硫性能。

5.5　小　　结

　　本章主要采用化学结合水法，通过水合转化度（水合反应程度），研究了镁渣激冷水合反应的动力学特征。研究发现，较高的激冷温度可以促使反应程度增加，缩短水合时间（6h 时转化率最高）。在不同的水合温度下，反应早期，由化学反应控制；随着水合温度的提高，反应速率常数增大；在反应中段，反应由化学反应和扩散共同控制。通过混合控制模型可以描述水合温度的影响。激冷温度对水合反应程度的影响采用 Avrami 方程描述，而对于多变量（激冷温度和水合温度）共同影响的动力学模型，可以预测 Avrami 指数 n、指前因子 A、结晶成核速率常数 k、水合反应程度 α 的变化。研究还发现，水合反应程度与钙转化率呈正相关关系，即水合程度越高，对应的脱硫剂的钙转化率越高。

参 考 文 献

[1] 张宝述, 彭同江, 宋功保, 等. 几种矿物粉体的溶解性能研究[J]. 非金属矿, 1999, 22(A6): 45-47.

[2] Heikal M, Morsy M S, Aiad I. Effect of treatment temperature on the early hydration characteristics of superplasticized silica fume blended cement pastes[J]. Cement and Concrete Research, 2005, 35(4): 680-687.

[3] Morsya M S. Effect of temperature on electrical conductivity of blended cement pastes[J]. Cement and Concrete Research, 1999, 29(4): 603-606.

[4] Sinthaworn S, Nimityongskul P. Effects of temperature and alkaline solution on electrical conductivity measurements of pozzolanic activity[J]. Cement and Concrete Composites, 2011, 33(5): 622-627.

[5] 隋同波, 曾晓辉, 谢友均, 等. 电阻率法研究水泥早期行为[J]. 硅酸盐学报, 2008, 36(4): 431-435.

[6] 魏小胜, 肖莲珍. 电阻率法测定和硅酸盐水泥的水化活化能[J]. 硅酸盐学报, 2011, 39(4): 676-681.

[7] Wei X, Xiao L, Li Z. Prediction of standard compressive strength of cement by the electrical resistivity measurement[J]. Construction and Building Materials, 2012, 31(1): 341-346.

[8] 魏小胜, 肖莲珍. 用电阻率法确定混凝土结构形成的发展阶段及结构形成动力学参数[J]. 硅酸盐学报, 2013, 41(2): 171-179.

[9] 刘飚, 翟国芳, 李仕群, 等. 硅酸盐与磷铝酸盐复合水泥水化动力学的研究[J]. 建筑材料学报, 2008, 11(3): 259-265.

[10] 车东日, 罗春泳, 沈水龙. 水泥混合上海黏土 pH 值和电导率与强度特性研究[J]. 岩土力学, 2012, 33(12): 3611-3615.

[11] Krstulović R, Dabić P. A conceptual model of the cement hydration process[J]. Cement and Concrete Research, 2000, 30(2): 693-698.

[12] 阎培渝, 郑峰. 水泥基材料的水化动力学模型[J]. 硅酸盐学报, 2006, 34(5): 555-559.

[13] 金贤玉, 王宇纬, 田野, 等. 基于微观信息的水泥水化动力学模型研究[J]. 建筑材料学报, 2014, 17(5): 862-867.

[14] 张立华. 多组分水泥基材料水化特征与产物性质的研究[D]. 武汉: 武汉理工大学, 2002.

[15] 陈川, 冷洁, 邢添, 等. 水灰比和低温环境影响的水泥水化放热计算模型[J]. 混凝土, 2015, 37(1): 21-24+31.

[16] 蒋正武, 徐海源, 王培铭, 等. 蒸养条件下复合胶凝材料水化过程[J]. 硅酸盐学报, 2010, 34(5): 1702-1706.

[17] 徐惠忠, 宋远明, 刘景相, 等. 燃煤灰渣水化反应动力学测定方法研究[J]. 建筑材料学报, 2011, 14(4): 564-568.

[18] 韩方晖, 张增起, 阎培渝. 钢渣在强碱性条件下的早期水化性能[J]. 电子显微学报, 2014, 33(4): 343-348.

[19] Feng X, Garboczi E J, Bentz D P, et al. Estimation of the degree of hydration of blended cement paste by a scanning electron microscope point-counting procedure[J]. Cement and Concrete Research, 2004, 34(10): 1787-1793.

[20] Yio M H N, Phelan J C, Wong H S, et al. Determining the slag fraction, water/binder ratio and degree of hydration in hardened cement pastes[J]. Cement and Concrete Research, 2014, 56(12): 171-181.

[21] Parka K B, Noguchi T, Plawsky J. Modeling of hydration reactions using neural networks to predict the average properties of cement paste[J]. Cement and Concrete Research, 2005, 35(9): 1676-1684.

[22] Jia L, Fan B G, Li B, et al. Study on effects of pyrolysis mode and particle size on elemental mercury adsorption characteristics of biomass char[J]. BioResources, 2018, 13(3): 5450-5471.

[23] 杨阳, 王起才, 张戎令, 等. 基于不同恒定低温和水灰比的水泥水化程度试验研究[J]. 混凝土, 2015, 37(1): 5-8.

[24] 李响, 阿茹罕, 阎培渝. 水泥-粉煤灰复合胶凝材料水化程度的研究[J]. 建筑材料学报, 2010, 13(5): 584-589.

[25] Deschner F, Lothenbach B, Winnefeld F, et al. Effect of temperature on the hydration of Portland cement blended with siliceous fly ash[J]. Cement and Concrete Research, 2013, 52(10): 169-181.

[26] Renedo M J, Fernandez J. Kinetic modelling of the hydrothermal reaction of fly ash, Ca(OH)2 and CaSO4 in the preparation of desulfurant sorbents[J]. Fuel, 2004, 83(4): 525-532.

[27] 李国栋. 结构因素对粉煤灰活性激发的影响[J]. 粉煤灰综合利用, 1998, 10(4): 5-9.

[28] Fan B G, Jia L, Li B, et al. Study on the effects of the pyrolysis atmosphere on the elemental mercury adsorption characteristics and mechanism of biomass char[J]. Energy and Fuels, 2018, 32(6): 6869-6878.

[29] Thomas J J, Biernacki J J, Bullard J W, et al. Modeling and simulation of cement hydration kinetics and microstructure development[J]. Cement and Concrete Research, 2011, 41: 1257-1278.

[30] Damidot D, Lors C. 水泥水化与水化硅酸钙的结构和化学组成之间的相互作用[J]. 硅酸盐学报, 2015, 43(10): 1324-1330.

[31] 张联盟, 黄学辉, 宋晓岚. 材料科学基础[M]. 武汉: 武汉理工大学出版社, 2008.

[32] 冀文亮. 高钙粉煤灰/Ca(OH)2水合对脱硫剂性能影响的研究[D]. 昆明: 昆明理工大学, 2013.

[33] Tsuchiai H, Ishizuka T. Study of flue desulfurization absorbent prepared from coal fly ash: Effect of the composition of the absorbent on the activity[J]. Industrial and Engineering Chemistry Research, 1996, 35(4): 2322-2326.

[34] 傅国光, 颜岩, 彭晓峰, 等. 钙基脱硫剂水合改性实验分析[J]. 中国电机工程学报, 2004, 24(3): 178-182.

6   镁渣/粉煤灰水合脱硫剂的分形特征

分形作为非线性理论之一，在自然科学和工程技术等领域研究自相似形态和结构方面发挥了重要作用。本研究借助于分形理论，对镁渣水合脱硫剂的分形特征进行研究，同时，将分形特征与镁渣水合脱硫剂的脱硫性能进行关联，从而揭示二者的关系。

6.1   分形理论的应用

1967 年，美籍数学家 Mandelbrot 在 *Nature* 上发表的一篇论文中提出了"英国海岸线有多长"的问题[1]，1973 年，他进一步提出有关分形的几何思想。1975 年，分形作为表征自然科学领域中存在的复杂图形及其复杂过程的一种方法论，正式定义分形(fractal)概念。1986 年，学者又对分形进行了更为广泛、更为通俗的定义：分形的局部和整体特定方式相似，即标度不变性。

分形理论除了可以用于研究几何图形外，还可以研究相空间中产生的轨迹等图形的自相似性，即动力学过程中的自相似性。自相似性应该具有若干层次，尺寸的变化应该尽可能的大。例如，严格意义上的规则分形在数学上应该有无限多层次，尺寸的变化可以无限大。

其实，严格意义的分形只在数学模型上成立。然而，自然界的事物所具有的分形是针对一定的比例范围(或观察尺度)且从统计意义的角度而言。因此，自然界研究的分形体所具有的自相似性和标度不变性是有限的，具有的分形维数存在上限和下限。

在分形维数的测定上，就数学意义而言，规则分形体可以通过严格的数学推导得到。例如，Cantor 集的分形维数为 0.631，Koch 曲线的分形维数为 1.585，Sierpinski-Menger 海绵的分形维数为 2.777。自然界存在的统计意义上的分形体需要借助实验手段获得相关的数据，并在计算模型建立的基础上计算得到[2]。

按照分形体的模拟，分形体的生成方法有：布朗运动轨迹、自回避随机行走、扩散聚集模型等。计算对应分形体分形维数的方法有：根据周长-面积关系或表面积-体积关系求维数、盒维数、Sandbox 法、面积-回转半径法、变换法以及密度-密度相关函数法等[3]。

6.1.1 分形理论在多孔材料中的应用

在自然界和实际应用中,广泛存在着多孔材料。多孔材料由于孔隙的存在,表现出不同于致密材料的特定性能[4]。研究结果表明,多孔结构是影响多孔材料本征特性和使用效果的关键因素之一,研究多孔材料生产及应用的关键是能够科学地描述多孔材料的宏观/微观结构和特定性能[5]。由于多孔材料存在随机分布的孔隙,欧氏几何学不可能精确描述多孔材料。分形理论的引入,为多孔材料复杂的孔隙结构开辟了全新的有利途径。

自从分形理论被提出至今,国内外众多学者采用分形理论在多孔材料的研究方面取得了许多成果[6]。分形分为有规和无规两类,多孔材料属于无规分形的范畴,同时,多孔材料内部分布着大量空隙[7]。已有研究表明[8, 9],多孔材料孔隙结构存在统计意义上的自相似性,可以用分形维数来描述其微孔结构和相关物理化学性质。Thompson 等[10]最早把分形理论用于多孔介质结构的研究,通过 SEM 对砂岩进行测试,证明了多孔材料的微孔结构具有分形特征,并得出分形维数在 2.5～2.85 之间。Krohn 等[11]对多孔介质的结构也做了类似的分析,研究得出的结论是多孔介质的孔隙空间和孔隙界面都具有分形结构,并且具有相同的分形维数。周甫方等[12]利用 SEM 和计算机模拟研究了两种厚度的多孔硅片的微观结构,认为它们均具有分形特征,用盒计数法计算出其分形维数在 2.3～2.6 之间。杨通在等[13]利用氮吸附法描述了碳纳米管等多孔材料复杂的孔结构和孔分布。大量研究表明,多孔材料的理化性能和孔隙结构能够用孔隙分形维数来表征。赵永红利用 SEM 研究岩石的孔隙结构,证明了岩石这种多孔材料的空隙结构特性属于分形[14]。

研究表明,多孔结构的孔表面、孔通道、孔隙都属于分形体[15]。表征多孔结构分形维数常见的表述方式有两种:比孔容积分形维数和 BJH 比表面积分形维数[16]。多孔结构 BJH 比表面积分形维数的测量方法包括:利用相应实验得到所需数据,分析处理数据后得到分形维数,如吸附法[17]和压汞法[18];利用 SEM 等成像技术获得被测试样的图片,利用二维数字处理图片得到分形维数。

Collet 根据分形理论和水蒸气等温吸附理论计算了多孔性石灰石分形维数[19]。Li 提出了适合于砂岩毛细管压力曲线的通用模型来模拟多孔介质[20]。Watt-Smith采用分形 BET 模型和 FHH 模型测定了炭黑 BET 表面积和表面分维数[21]。Cuerda-Correa 制备了活性碳纤维[22],用 FHH 方程计算微孔的分维数,用压汞法计算大孔的分维数。Dathe 采用盒计数法计算了多种多孔介质的基体、孔隙和界面的分维数,并和 PSD 模型计算结果进行了比较,两者结果一致[23]。Zhang 对 Neimark的压汞法和吸附法的关系式进行了校正[24]。王桂荣等[25]研究指出,所得出的校正关系式,既无孔屏蔽影响,也可以明显改善所获得的孔分布结果。张玉柱等[26]的研究表明,烧结矿具有分形结构。李永鑫等[27]研究得出,水泥基材料孔隙结构近似于 Menger 理论模型。

分形理论为研究多孔材料的结构和性能提供了一种新的行之有效的手段，使多孔材料结构的宏观/微观复杂性能的定量描述成为可能。

6.1.2 基于实验的分形维数计算方法

基于实验对固体颗粒物表面分形维数的研究基本上可以分为三种类型：

(1)使用 SEM 直接获得颗粒表面图像，根据合理的计算模型求解颗粒表面的分形维数；

(2)通过压汞法测定颗粒内部孔结构分布特征，根据合理的计算模型获得反映颗粒孔径分布特性的分形维数；

(3)基于等温气体吸附/脱附实验得到的数据，根据分形吸附方程计算表征颗粒 BJH 比表面积的分形维数。

等温气体吸附/脱附方法是目前使用最多、最广泛的方法，近年来逐渐提出的分形模型有：分形 BET 方程(三参数模型)、分形 Freundlich 方程、分形 FHH 方程等。

6.1.2.1 分形 BET 方程

最早的分形 BET 方程是由 Fripiat 在 1986 年提出的，如式(6-1)所示，也可表达为式(6-2)。

$$\frac{V}{V_m} = \frac{C}{1+(C-1)x} \sum_{n=1}^{\infty} n^{2-D} x^n \tag{6-1}$$

$$\frac{1}{A} = \frac{1}{2^{2-D}C}\left[\frac{1}{x} + (C-1)\right] \tag{6-2}$$

$$A = \frac{1}{x}\left[\frac{V}{V_m} - \frac{Cx}{1+(C-1)x}\right] \tag{6-3}$$

式中，V 为样品实际吸附量，$mL \cdot g^{-1}$；V_m 为单层饱和吸附量，$mL \cdot g^{-1}$；C 为与样品吸附能力相关的常数；x 为吸附质的相对压力，即 P/P_0；P 为吸附质的压力，kPa；P_0 为吸附质的饱和蒸气压，kPa；D 为分形维数。

V_m 和 C 的值由多点 BET 在吸附曲线上线性拟合得到，通过 $1/A$ 对 $1/x$ 作图，即可求得分形维数 D。在改进分形 BET 方程中，考虑了实际吸附层数与孔隙结构的关系，计算过程中将吸附层数离散化，通过数据拟合来确定吸附层数的变化情况。

6.1.2.2 分形 Freundlich 方程

分形 Freundlich 方程是研究多孔介质气体吸附时得出的一个经验规律，如式(6-4)所示[28]。尚建宇通过分形几何理论、Fick 扩散方程和气体扩散理论推导得到了吸附层数与分形维数之间的关系(式(6-5))，于是分形维数的计算可通过式(6-6)获得[29]。

$$V = K(x)^{1/n} \tag{6-4}$$

$$1/n = D/3.5 \tag{6-5}$$

$$V = K(x)^{D/3.5} \tag{6-6}$$

式中，V 为样品实际吸附量，$mL \cdot g^{-1}$；K 为平衡常数；x 为吸附质的相对压力，即 P/P_0；n 为吸附层数；D 为分形维数。

6.1.2.3 分形 FHH 方程

分形 FHH 方程由 Anvir 和 Jaroniec 提出，如式(6-7)所示，可以通过 N_2 吸附等温线确定颗粒内部孔隙表面分形维数[30]。在吸附早期，吸附界面主要受范德华力(Van der Waals force)的作用，在该区域，常数 S_N 与分形维数 D 之间的关系如式(6-8)所示。当发生多层吸附时，吸附剂表面覆盖度较高，吸附界面主要受表面张力的作用，在该区域，S_N 与分形维数 D 之间的关系如式(6-9)所示。于是，根据 FHH 方程计算分形维数可分别联立式(6-7)与式(6-8)或式(6-7)与式(6-9)获得。

$$\frac{V}{V_m} = k\left(\ln\frac{P_0}{P}\right)^{S_N} \tag{6-7}$$

$$S_N = \frac{D-3}{3} \tag{6-8}$$

$$S_N = D-3 \tag{6-9}$$

式中，V 为样品实际吸附量，$mL \cdot g^{-1}$；V_m 为单层饱和吸附量，$mL \cdot g^{-1}$；k 为常数；P 为吸附质的压力，kPa；P_0 为吸附质的饱和蒸气压，kPa；S_N 为和吸附机理、分形维数 D 有关的常数；D 为分形维数。

6.2 镁渣/粉煤灰水合脱硫剂的分形特征

粉煤灰是典型的多孔结构物质，粒径分布较广，颗粒微观结构变化无常[31]。

通过 SEM 观察可以发现，颗粒表面形态具有自相似性，即分形结构。在脱硫反应中，反应气体的吸附化学反应与颗粒表面的无规则表面结构密切相关[32, 33]。

6.2.1　镁渣/粉煤灰水合脱硫剂 N_2 吸附/脱附过程分析

本研究中，自然冷却镁渣/粉煤灰水合参数如表 6.1 所示。其中，液固比均为 5，Ai 为不同制备条件下的样品名称。

表 6.1　镁渣/粉煤灰水合参数

样品	A1	A2	A3	A4	A5	A6	A7	A8	A9	A10
M_R	5	10	15	20	20	20	20	20	20	20
T_H/℃	90	90	90	90	90	90	90	60	70	80
t_H/h	6	6	6	6	8	10	12	8	8	8

借助于氮吸附仪，图 6.1(a) 所示为水合脱硫剂 A1～A4 的吸附/脱附等温线，

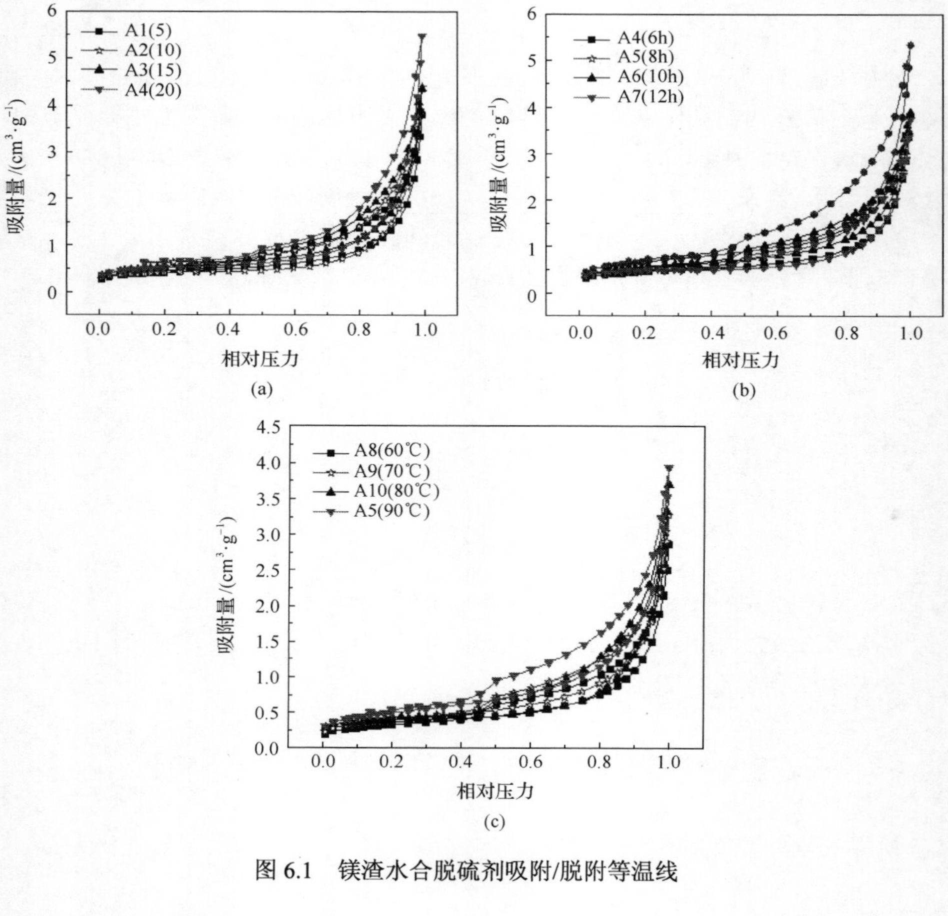

(a)

(b)

(c)

图 6.1　镁渣水合脱硫剂吸附/脱附等温线

图 6.1(b) 所示为水合脱硫剂 A4～A7 的吸附/脱附等温线，图 6.1(c) 所示为水合样品 A8～A10 和 A5 的吸附/脱附等温线。图 6.1 的结果表明，吸附等温线虽然在形态上有差别，但基本上都属于第 II 类等温线，即在水合脱硫剂颗粒表面上发生了多层吸附，意味着样品中有较连续的完整的孔结构系统。脱附等温线的变化趋势为：开始时直线下降，然后缓慢下降。在相对压力 0.5 附近，吸附量又出现小幅度陡降，最后吸附量趋于平缓。图 6.1 所示的滞后环基本属于 B 类，表明毛细凝聚主要发生在狭缝形孔中和两平行面的狭缝中[34]。

（1）相对压力在 0.5～1 时，两条曲线尚未重合。由于吸附量的骤升，较大的孔明显出现了迟滞回线，此时肯定存在开放型孔，如两端开口圆筒形孔及四边开放的平行板狭缝孔。当然，也可能存在一端封闭的不透气性孔，因为它对迟滞回线没有贡献。

（2）相对压力在 0.5 时，脱附曲线出现明显的拐点，意味着最小一个孔径的开放型孔的凝聚液即将蒸发，压力稍降低时，吸附的液体会立即涌出，在脱附曲线上表现出陡降。

（3）相对压力小于 0.5 时，脱附曲线变化缓慢且与吸附曲线基本闭合，表明水合脱硫剂在较小孔径范围内孔型多为一端封闭的不透气性孔，如一端封闭的圆筒形孔、一端封闭的平行板状孔、一端封闭的楔形孔以及一端封闭的锥形孔。

6.2.2 镁渣/粉煤灰水合脱硫剂孔结构

图 6.2(a)～(f) 分别为自然冷却镁渣/粉煤灰不同制备条件下水合脱硫剂的比孔容积分布曲线。BJH 方法的原理来源于脱附曲线，由于 BJH 方法不受样品本身性质参数的影响，且计算简单，因此被广泛应用于孔径分布的表征。采用脱附数据绘制孔分布曲线能更好的反映样品的真实孔隙。

所有样品的孔分布较宽且孔分布曲线形状类似，同吸附/脱附曲线所反映的情况一致。样品比孔容积和孔分布曲线在 4nm 附近处峰值最强，即最可几孔径均

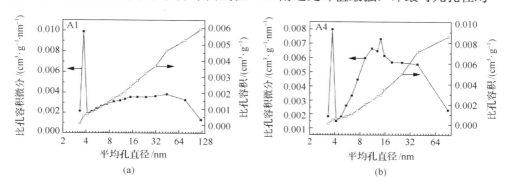

(a)　　　　　　　　　　　　　　(b)

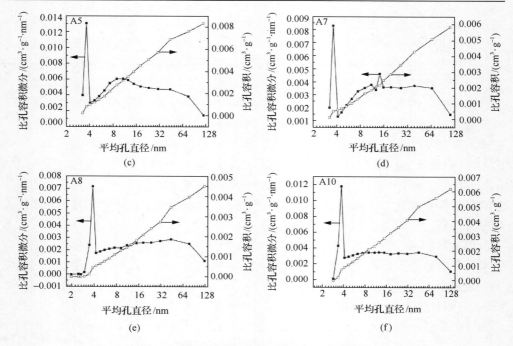

图 6.2　镁渣/粉煤灰水合脱硫剂比孔容积分布

在 4nm 左右，说明此孔径附近的孔隙所占比例最大，对应位置的比孔容积曲线上升。此外，在其他孔径范围内(14nm 附近)，样品 A4、A5 和 A7 仍然存在不同程度的次高峰，说明这些样品在 14nm 附近的孔隙也较多。

　　表 6.2 为自然冷却镁渣/粉煤灰水合脱硫剂微观结构参数。虽然水合脱硫剂最可几孔径在 4nm 附近，但此孔径范围内的相对比孔容积比例很小，均在 10%以下。

表 6.2　镁渣/粉煤灰水合脱硫剂微观结构参数

样品编号	平均孔径/nm	比表面积/$(m^2 \cdot g^{-1})$	比孔容积/$(10^{-3}cm^3 \cdot g^{-1})$	BJH 比表面积/$(m^2 \cdot g^{-1})$	最可几孔径/nm	相对比孔容积/%
A1	16.25	1.446	6.123	2.385	3.7	4.648
A2	18.09	1.502	6.975	2.558	3.7	4.298
A3	14.66	1.839	6.280	2.626	3.8	5.526
A4	18.21	1.814	7.067	2.700	3.7	7.900
A5	14.55	2.266	8.894	3.290	3.7	6.945
A6	13.24	1.861	8.551	3.495	3.7	9.736
A7	14.04	1.641	6.275	3.016	3.6	7.332
A8	13.95	1.281	4.653	1.755	3.9	7.250
A9	13.58	1.502	5.326	2.187	3.7	8.571
A10	13.08	1.875	6.399	2.727	3.8	9.486

从比孔容积中值孔径来看，各个样品基本处于18～20nm，可以反映脱硫剂的孔径分布情况，即在5～20nm范围内孔隙所占比例较大，其比孔容积约占50%。比较A1～A4的结构参数可知，A4的比表面积和比孔容积都最大，表明灰钙比为20时对比表面积和比孔容积的增加最有利；比较A4～A7，A5的BET比表面积和比孔容积最大，说明水合时间为8h时对二者的促进作用最大；与A5比较，A6的BJH比表面积最大且比孔容积减小，说明水合时间增加至10h有利于比表面积的进一步增加，而不利于比孔容积的增加；比较A8～A10和A5，A5的比表面积和比孔容积最大，说明水合温度为90℃时对比表面积和比孔容积的改善效果最好。

　　图6.3（a）～（f）所示为自然冷却镁渣/粉煤灰水合脱硫剂的BJH比表面积和相对BJH比表面积的变化。从图6.3中可知，不同制备条件下的水合脱硫剂比表面积差别较大，这在一定程度上反映出样品内部孔隙发达程度的差别，即比表面积大的水合脱硫剂，其内部孔隙较发达。孔径为4nm时，体现在BJH比表面积曲线上出现明显的突跃，但是突跃幅度不尽相同，说明各个样品的相对比表面积最大。从BJH比表面积曲线可以看出，孔径在50nm以上时，比表面积几乎不再增加，表明大孔对比表面积的贡献微乎其微，介孔是比表面积的主要贡献者。

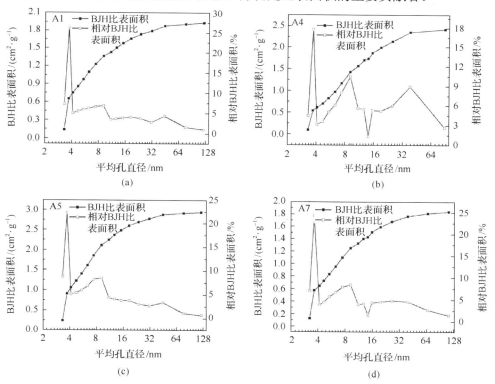

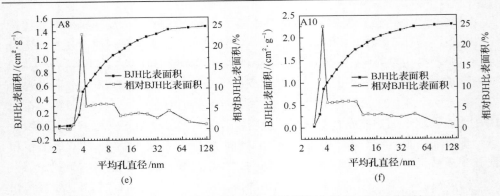

图 6.3　镁渣/粉煤灰水合脱硫剂 BJH 比表面积和相对 BJH 比表面积

为了定量描述不同孔型对比孔容积的影响，通过氮吸附计算各个样品不同孔型的比表面积以及相对比表面积，计算结果如表 6.3 所示。各个样品介孔的相对比表面积均在 50%以上，最大值和最小值分别对应 A5 和 A7；微孔相对比表面积的最大值和最小值分别对应 A7 和 A5，表明水合时间为 8h 时对介孔比表面积的增长最有利，但对微孔比表面积的促进作用最小；水合时间为 12h 时对微孔比表面积的增长最有利，但对介孔比表面积的促进作用最小。从孔分布特征可以看出，大孔占总孔容积的 16%以上，占比表面积的比例却不足 3%；而微孔与之相反，说明大孔和微孔在对比孔容积和比表面积的贡献方面截然不同。

表 6.3　镁渣/粉煤灰水合脱硫剂比表面积和相对比表面积

样品	比表面积/(m² · g⁻¹)				相对比表面积/%		
	微孔	介孔	大孔	合计	微孔	介孔	大孔
A1	0.446	1.884	0.055	2.385	18.700	78.994	2.306
A2	0.847	1.641	0.070	2.558	33.117	64.147	2.736
A3	0.592	2.045	0.063	2.700	21.926	75.741	2.333
A4	0.865	2.360	0.065	3.290	26.285	71.739	1.976
A5	0.537	2.896	0.062	3.495	15.365	82.861	1.774
A6	0.472	2.097	0.057	2.626	17.971	79.858	2.171
A7	1.178	1.762	0.076	3.016	39.048	58.431	2.520
A8	0.299	1.414	0.042	1.755	17.037	80.570	2.393
A9	0.393	1.746	0.048	2.187	17.959	79.846	2.195
A10	0.444	2.236	0.047	2.727	16.288	81.989	1.723

6.2.3　镁渣/粉煤灰水合脱硫剂的分形维数

自然冷却镁渣/粉煤灰水合脱硫剂微观结构特性分析结果表明，孔径和比表面积的分布呈现不规则复杂变化，且不同水合条件下产生的水合脱硫剂微观孔结构特性具有相似性。微孔结构分布具有不同的复杂性，显然，已经不能从欧式几何的角度进行分析。借鉴已有的研究方法，利用分形理论可以分析描述这种复杂分布现象。

图 6.4 为自然冷却镁渣/粉煤灰在不同制备条件下的水合脱硫剂氮吸附结果及其拟合图，图 6.4(a) 为样品 A1～A5 的结果，图 6.4(b) 为样品 A6～A10 的结果。拟合后得到的直线斜率通过方程(6-9)可以获得分形维数，见表 6.5。从图 6.4 和表 6.4 中可知，不同的水合脱硫剂具有不同的分形特征(即分形维数不同)。

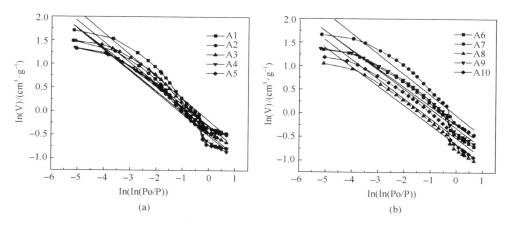

图 6.4　镁渣/粉煤灰水合脱硫剂氮吸附结果的拟合曲线

由表 6.4 可知，直线拟合的相关性系数均大于 93%，说明水合脱硫剂具有良

表 6.4　镁渣/粉煤灰水合脱硫剂分形维数

样品编号	拟合直线的斜率 S_N	分形维数 D	拟合直线相关系数 R^2	平均孔径/nm
A1	−0.4446	2.555	0.9505	16.23
A2	−0.4136	2.586	0.9548	18.09
A3	−0.4414	2.557	0.9584	14.66
A4	−0.4607	2.540	0.9450	18.21
A5	−0.4048	2.596	0.9321	14.55
A6	−0.3957	2.604	0.9483	13.08
A7	−0.4496	2.550	0.9524	14.04
A8	−0.4148	2.586	0.9646	13.95
A9	−0.4144	2.586	0.9534	13.58
A10	−0.4099	2.590	0.9374	13.24

好的分形特征，分形维数介于 2.539 和 2.604 之间，且分形维数的最大值和最小值分别对应 A10 和 A4。所以，不同水合条件对镁渣表面不规则程度有较大影响。

　　根据表 6.4 得到分形维数和平均孔径之间的关系如图 6.5 所示，说明两者之间存在较好的线性关系（R^2=95.5%），并且随着平均孔径从 13nm 增加至 19nm，分形维数从 2.604 减小到 2.539。通过比表面积的分析得出，小孔径对比表面积的贡献较大。随着平均孔径的增大，小孔径的孔隙相对减少，样品表面粗糙程度降低，分形维数降低。

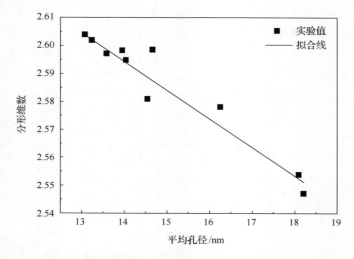

图 6.5　镁渣/粉煤灰水合脱硫剂平均孔径与分形维数

　　为了更直观地了解孔径与分形维数的关系，将图 6.5 进行拟合，见式(6-10)。

$$D = 2.738 - 0.01d \tag{6-10}$$

式中，D 为分形维数；d 为平均孔径，nm。

　　自然冷却镁渣/粉煤灰水合脱硫剂的比表面积和比孔容积与分形维数之间的关系如图 6.6 所示，拟合结果显示，相关性系数为 81.14%，因此，比表面积和比孔容积与分形维数之间的关系可以用式(6-11)表示。由图 6.6 可以看出，虽然各个样品的水合条件不同，但是基本满足式(6-11)。所以，不同脱硫剂的比表面积和比孔容积与分形维数之间的关系与水合条件无关。

$$S = D\ln V \tag{6-11}$$

式中，S 为比表面积，$m^2 \cdot g^{-1}$；V 为比孔容积，$cm^3 \cdot g^{-1}$。

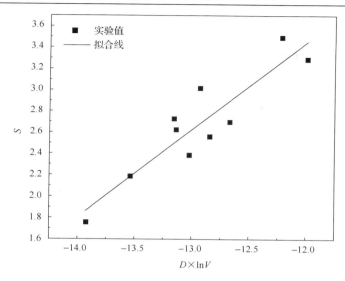

图 6.6 镁渣/粉煤灰水合脱硫剂比表面积、比孔容积与分形维数之间的关系

6.3 镁渣/粉煤灰激冷水合脱硫剂的分形特征

6.3.1 镁渣/粉煤灰激冷水合参数

4.5 节的研究表明，炽热镁渣/粉煤灰经过激冷水合过程，脱硫性能大幅提升。为了考察镁渣/粉煤灰激冷水合脱硫剂的分形特征，本研究通过改变水合过程中灰钙比、激冷温度、水合时间和液固比等水合参数，探讨激冷水合条件下制备参数对脱硫剂分形维数的影响。根据最优组合方案，激冷水合试验的激冷温度和液固比均选取各自的最优水平，即 950℃和 5。在不同水合条件下，得到如表 6.5 所示的炽热镁渣激冷水合脱硫剂，样品的编号为 B1、B2、B3、B4、B5。其中，灰钙比为 5、15 和 20，水合时间为 6h、8h 和 10h。

表 6.5 镁渣/粉煤灰激冷水合参数

样品	M_R	t_H/h	T_M/℃	L/S
B1	20	6	950	5
B2	20	8	950	5
B3	20	10	950	5
B4	15	8	950	5
B5	5	8	950	5

6.3.2 镁渣/粉煤灰激冷水合脱硫剂 N_2 吸附/脱附过程分析

图 6.7(a) 为镁渣/粉煤灰激冷水合脱硫剂 B1、B2 和 B3 的吸附/脱附等温线，图 6.7(b) 为镁渣/粉煤灰激冷水合脱硫剂 B2、B4 和 B5 的吸附/脱附等温线。从图 6.7 中可以看出，吸附结束时，脱硫剂的氮吸附等温线仍未呈现吸附饱和状态，说明其孔径上限超出了氮吸附仪的测量范围。从图 6.7 的吸附/脱附曲线形状可以判断，镁渣/粉煤灰激冷水合脱硫剂的吸附/脱附等温线基本上都属于第 II 类等温线，炽热镁渣/粉煤灰激冷水合脱硫剂的迟滞回线均为 B 类，表明毛细凝聚主要发生在狭缝形孔中和两平行面的狭缝中[35, 36]。

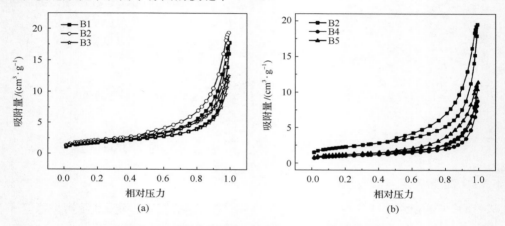

图 6.7　镁渣/粉煤灰激冷水合脱硫剂吸附/脱附等温线

6.3.3 镁渣/粉煤灰激冷水合脱硫剂孔结构

图 6.8(a) ～ (c) 分别为 B1、B2 和 B5 三种炽热镁渣/粉煤灰激冷水合脱硫剂的比孔容积分布曲线。从整体来看，不同激冷条件下得到的水合脱硫剂比孔容积分布曲线的变化趋势基本相似，且孔分布较宽(2～160nm)。从孔分布曲线可知，样品分别在 4nm 和 30nm 左右出现峰值，可推断激冷水合改善了 30nm 附近的孔隙结构，使得介孔范围的孔隙增加，比孔容积也明显增长。30nm 处的峰值高于 4nm 处的峰值，表明 30nm 附近孔隙出现的概率最大，对应孔径的比孔容积表现为急速增长趋势[37]。与自然冷却镁渣水合脱硫剂的最可几孔径(4nm 附近)相比，有明显提高，说明激冷水合不仅改善了 4nm 附近的孔隙结构，而且改善了 30nm 附近的孔隙结构。其次，从图 6.8(b) 所示的比孔容积曲线对比分析可知，B2 在 50nm 以后，随着孔径的增加，比孔容积增加最为缓慢。

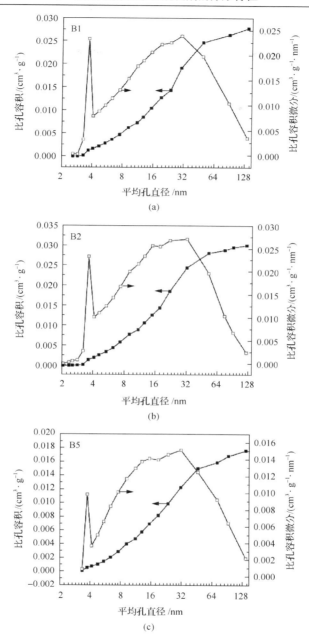

图 6.8 镁渣/粉煤灰激冷水合脱硫剂比孔容积分布曲线

镁渣/粉煤灰激冷水合脱硫剂的孔结构参数如表 6.6 所示。从表中可以看出，最可几孔径的最大值和最小值分别对应 B2 和 B3，说明激冷水合时间从 8h 增加到 10h 后，小孔径孔隙结构出现的概率变大。因此，反应气体在脱硫剂内部的扩散阻力增加。

表 6.6　镁渣/粉煤灰激冷水合脱硫剂孔结构参数

样品	平均孔径/nm	比表面积/(m²·g⁻¹)	累积比孔容积/(10⁻³cm³·g⁻¹)	BJH 比表面积/(m²·g⁻¹)	最可几孔径/nm
B1	17.06	6.451	28.224	8.877	30
B2	15.14	7.907	30.753	10.645	33
B3	10.97	7.062	19.647	7.072	29
B4	16.26	3.302	13.883	4.249	28.3
B5	17.37	4.034	18.059	5.636	31.3

表 6.6 结果表明,比表面积、比孔容积和 BJH 比表面积三个参数均达到最大值和最小值时,对应 B2(灰钙比为 20)和 B4(灰钙比为 15),说明灰钙比的变化对这三个参数的影响一致,灰钙比越大,越有利于比孔容积和 BJH 比表面积的增加。比较 B1~B3 得知,水合时间从 6h 增加至 10h,比孔容积和 BJH 比表面积呈现先增大后减小的趋势,且在 8h 时出现了最大值,说明对比孔容积和 BJH 比表面积的增加最有利的水合时间为 8h。

图 6.9(a)~(c)分别为 B1、B2 和 B5 三种炽热镁渣/粉煤灰激冷水合脱硫剂的

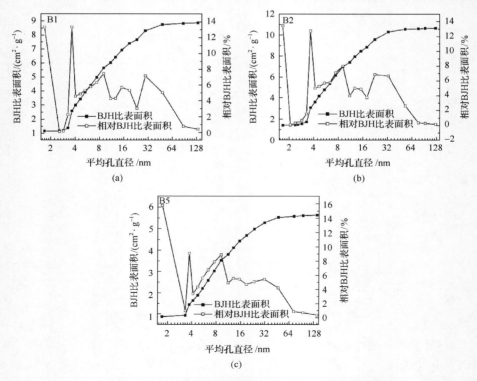

图 6.9　镁渣/粉煤灰激冷水合脱硫剂 BJH 比表面积分布

BJH 比表面积的分布曲线，表 6.7 为镁渣/粉煤灰激冷水合脱硫剂的结构参数。结合图 6.9 和表 6.7 的结果可知，样品微孔和 4nm 附近的孔出现相对比表面积峰值，并且在 8nm 和 30nm 附近还出现峰值。样品的 BJH 比表面积在大孔范围内，比表面积的增加很小，说明大孔对比表面积的贡献十分有限。

表 6.7　镁渣/粉煤灰激冷水合脱硫剂比表面积参数

样品	比表面积/(m$^2 \cdot$ g^{-1})				相对比表面积/%		
	微孔	介孔	大孔	合计	微孔	介孔	大孔
B1	1.186	7.574	0.117	8.877	13.361	85.321	1.318
B2	1.427	9.131	0.087	10.645	13.404	85.779	0.817
B3	1.722	5.138	0.212	7.072	24.348	72.654	2.998
B4	0.722	3.455	0.072	4.249	16.994	81.311	1.694
B5	0.887	4.636	0.113	5.636	15.743	82.253	2.005

从图 6.9 中可知，孔径小于 40nm 的孔隙对比表面积的贡献更大，均在 95% 以上。当孔径在 40nm 以上时(尤其是大于 50nm 的孔)，对比表面积的贡献比对比孔容积的贡献高一个数量级。所以，炽热镁渣/粉煤灰激冷水合脱硫剂的孔隙分布构成中，介孔所占比例最高，并且对比表面积和比孔容积的贡献最大；与微孔相比，大孔对比表面积的贡献很小，而对比孔容积的贡献较大；微孔则与之相反。这与其他学者得到的孔径与比孔容积和比表面积的关系一致[38]。

表 6.7 还表明，在相同灰钙比下，样品 B2 和 B3 的介孔相对比表面积分别也是最大值和最小值，这与比孔容积得到的结果一样。总比表面积主要是由介孔和微孔的比表面积构成，并不是比表面积越大，孔隙结构就越有利于 SO$_2$ 气体的扩散与反应，这是因为小于 5nm 的孔隙对脱硫而言属于无效孔隙[39]。所以，脱硫剂的孔隙结构既与比表面积有关，也取决于其孔分布规律。

6.3.4　镁渣/粉煤灰激冷水合脱硫剂的分形维数

图 6.10 是炽热镁渣/粉煤灰激冷水合脱硫剂氮吸附结果的拟合图。从图 6.10 看出，脱硫剂的数据点具有明显的线性关系，相关系数 R^2 均在 0.96 以上，说明激冷水合脱硫剂的孔隙结构具有显著的分形特征，即无标度性，所以这些样品的孔隙结构都可以看作是分形结构。在图 6.10 的线性拟合中，低压区域有部分数据点偏离拟合线，一般认为这是由于表面的物理化学性质不均匀，存在活性吸附位导致的。

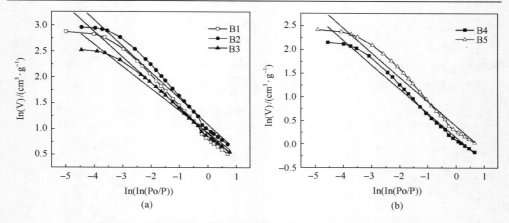

图 6.10 镁渣/粉煤灰激冷水合脱硫剂氮吸附结果的拟合曲线

根据前述的计算方法，可以计算镁渣/粉煤灰激冷水合脱硫剂的分形维数，如表 6.8 所示。由表 6.8 可知，B3 和 B5 分别对应分形维数的最大值和最小值，表明 B3 的孔隙结构复杂程度最高，证明了前述关于 B3 孔隙结构推断的正确性。B5 孔隙结构复杂程度最低，与比孔容积和比表面积的最大值和最小值所对应的样品不一致，说明分形维数与比孔容积和比表面积在不同孔型中的相对比例有关。

表 6.8 镁渣/粉煤灰激冷水合脱硫剂分形维数

样品	拟合直线的斜率 S_N	分形维数 D	拟合直线相关系数 R^2	平均孔径/nm
B1	−0.4917	2.508	0.9619	17.06
B2	−0.4817	2.518	0.9744	15.14
B3	−0.4268	2.573	0.9748	10.97
B4	−0.5117	2.488	0.9840	16.26
B5	−0.5152	2.485	0.9630	17.37

激冷水合脱硫剂的分形维数与平均孔径之间存在较好的线性关系，如图 6.11 所示。可见，随着平均孔径从 10nm 增加到 18nm，样品的分形维数逐渐减小，主要原因是当孔隙结构中微孔比例降低且介孔和大孔的比例相对增加时，会导致该样品的平均孔径增加。微孔比例的降低会引起样品表面的粗糙度降低，造成分形维数的降低。

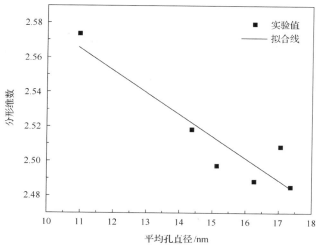

图 6.11　镁渣/粉煤灰激冷水合脱硫剂平均孔径与分形维数的关系

　　根据图 6.11，可以用式(6-12)表示比表面积和比孔容积与分形维数之间的关系，相关性系数 R^2=80.936%。采用该方程，可以计算某一平均孔径对应的分形维数。

$$D = 2.705 - 0.013d \tag{6-12}$$

式中，D 为分形维数；d 为平均孔径，nm。

　　根据表 6.6 的孔结构参数，可以获得镁渣/粉煤灰激冷水合产物的比表面积与比孔容积的关系，如图 6.12 所示。结果表明，镁渣/粉煤灰激冷水合产物的比表面积与比孔容积存在明显的线性关系，可拟合为方程(6-13)，其相关性系数高达 95.3%，同时也表明这一关系与激冷水合条件无关。

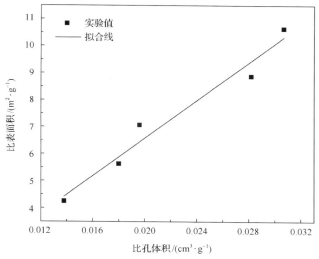

图 6.12　镁渣/粉煤灰激冷水合脱硫剂比表面积与比孔容积

$$S = 350.05V - 0.43 \qquad\qquad (6\text{-}13)$$

式中，S 为比表面积，$\mathrm{m^2 \cdot g^{-1}}$；$V$ 为比孔容积，$\mathrm{cm^3 \cdot g^{-1}}$。

6.4　镁渣/粉煤灰水合脱硫剂的分形特征与脱硫性能

6.4.1　镁渣/粉煤灰水合脱硫剂的分形维数与钙转化率

缪明烽[40]的研究表明，CaO 孔结构的分形特征对脱硫能力有很大的影响。图 6.13 为自然冷却镁渣/粉煤灰孔结构的分形维数对钙转化率的影响。结果表明，当分形维数增加到 2.595 时，钙转化率也逐渐增加到最大值 36.7%；分形维数继续增加，尽管脱硫剂的微观粗糙程度增加，但是钙转化率却逐渐下降。这是因为此时水合过程所增加的表面粗糙程度对脱硫反应并没有贡献。因此，分形维数存在一个转捩点，大于此值，水合脱硫剂的最大钙转化率下降。

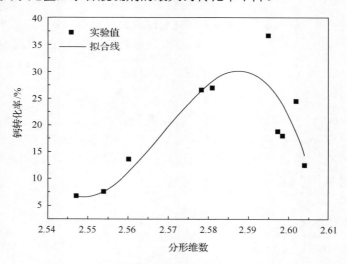

图 6.13　水合脱硫剂分形维数与钙转化率的关系

6.4.1.1　灰钙比与分形维数和钙转化率

脱硫剂的微观结构与脱硫性能有关，不同的水合条件可能影响水合脱硫剂的微观结构，进而影响水合脱硫剂的脱硫性能。图 6.14 所示为不同灰钙比下自然冷却镁渣/粉煤灰水合脱硫剂的分形维数和钙转化率。随着灰钙比的增加，钙转化率逐渐增加。当灰钙比为 20 时，钙转化率最大达到 26.75%。与此同时，分形维数随着灰钙比的增加也相应增加，当灰钙比为 20 时，分形维数达到 2.578，表明增加灰钙比对分形维数的增加同样有促进作用。分形维数的增加不仅改善了镁渣的孔隙结构，而且被改善后的孔几乎均参与脱硫反应，因此钙转化率增大。

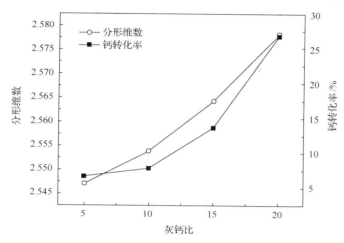

图 6.14　灰钙比对水合脱硫剂分形维数和钙转化率的影响

　　灰钙比对相对比孔容积的影响如图 6.15 所示。结果表明，随着灰钙比的增加，介孔相对比孔容积增加，且在灰钙比为 20 时达到最大值 79.6%。微孔相对比孔容积的变化较小，所以在微孔相对比孔容积相近的情况下，介孔成为提高样品表面复杂性的主要因素。因此，表征脱硫剂表面复杂性的分形维数随着介孔相对比孔容积的增加而增加，而介孔的孔隙大都可以参与脱硫反应，所以钙转化率随着介孔相对比孔容积的增加也相应增加。

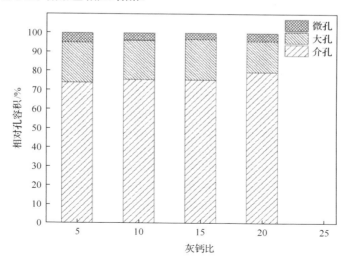

图 6.15　灰钙比对水合脱硫剂相对比孔容积的影响

6.4.1.2　水合时间与分形维数和钙转化率

不同水合时间下，自然冷却镁渣/粉煤灰水合脱硫剂的分形维数以及钙转化率的变化如图6.16所示。水合时间为8h的脱硫剂，钙转化率达到36.7%。随着水合的进一步进行，分形维数继续增加，且在10h时达到2.602，但是钙转化率反而降低为30.8%。水合时间继续延长至12h时，分形维数和钙转化率相应降低，且与6h时的分形维数和钙转化率相近。此时，随着水合时间的增加，分形维数和钙转化率却在降低，这与灰钙比对分形维数和钙转化率的影响不同。当水合时间从8h增加到10h时，样品中增加的孔隙并不能有效地脱硫，所以尽管分形维数增加，但是钙转化率降低。在水合时间增加到12h的过程中，之前形成的可以脱硫的孔隙减少，不利于脱硫过程的进行。

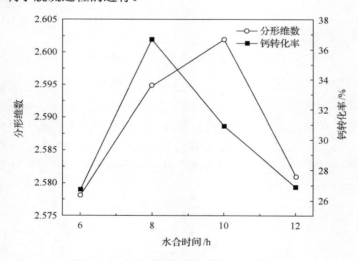

图6.16　水合时间与分形维数和钙转化率

图6.17为不同水合时间下，自然冷却镁渣/粉煤灰水合脱硫剂的相对比孔容积。从结果发现，随着水合时间的增加，微孔和介孔的相对比孔容积增加，8h时介孔的相对比孔容积达到最大值(85.33%)，微孔的相对比孔容积增加为9.0%。水合时间增加至10h时，介孔的相对比孔容积减小到75.11%，而微孔的相对比孔容积则继续增加到17.0%。水合时间继续延长至12h，介孔的相对比孔容积持续减小到67.95%，此时，微孔的相对比孔容积从17.0%增加到28.0%。从分形维数和钙转化率的变化趋势发现，微孔的相对比孔容积和分形维数的变化趋势一致，介孔的相对比孔容积和钙转化率的变化趋势一致。因此，可以断定微孔的增加主要导致样品表面粗糙度的增加，从而导致分形维数的增加。

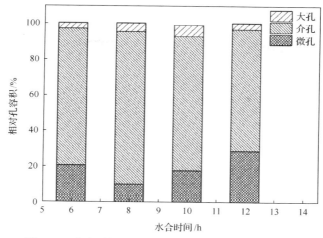

图 6.17 水合时间对水合脱硫剂相对比孔容积的影响

6.4.1.3 水合温度与分形维数和钙转化率

有学者研究发现[41]，提高水合温度能提高脱硫剂的比表面积。不同水合温度下，自然冷却镁渣/粉煤灰水合脱硫剂的分形维数以及钙转化率的变化如图 6.18 所示。当水合温度增加时，钙转化率和分形维数基本呈现增长趋势，并在水合温度为 90℃时出现最大值，分别为 0.367 和 2.604。

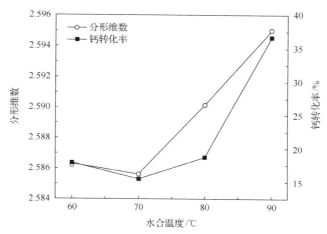

图 6.18 水合温度与分形维数和钙转化率

图 6.19 表示不同水合温度下相对比孔容积的变化。通过分析变化趋势可以看出，水合温度增加时，介孔和微孔的相对比孔容积均增大，且在 90℃时达到最大值。其中，介孔的相对比孔容积的增加促进钙转化率的提高，而微孔的相对比孔容积的增加促进分形维数的增加。

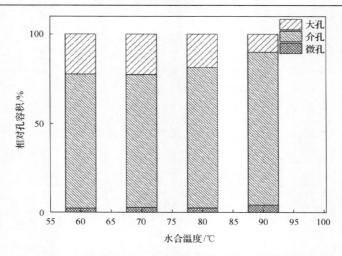

图 6.19　水合温度对水合脱硫剂相对比孔容积的影响

6.4.2　镁渣/粉煤灰激冷水合脱硫剂的分形维数与钙转化率

通过探索不同激冷水合条件下分形维数与钙转化率之间的关系，可以获得镁渣/粉煤灰激冷水合脱硫剂的微观结构特性与脱硫性能的关系。

6.4.2.1　灰钙比与分形维数和钙转化率

保持水合时间为 8h，灰钙比从 5 增加到 20 时脱硫剂分形维数和钙转化率的变化如图 6.20 所示。从图中可以看出，分形维数和钙转化率均随灰钙比的增加而增加，灰钙比从 5 增加到 15 时，分形维数从 2.48 增加到 2.49，对应的钙转化率

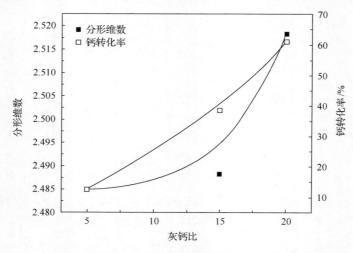

图 6.20　灰钙比对激冷水合脱硫剂分形维数和钙转化率的影响

从 12.56%骤增到 38.56%，增加了 207%。灰钙比为 20 时，脱硫剂的分形维数增加到 2.52，钙转化率达到 61.13%。

　　为了进一步探索分形维数和钙转化率之间的关系，图 6.21(a)和(b)分别表示灰钙比对镁渣/粉煤灰激冷水合脱硫剂的相对比表面积和相对比孔容积的影响。从图中可以看出，灰钙比为 20 时，介孔的比孔容积和比表面积明显高于其他两种灰钙比对应的脱硫剂，表明促进钙转化率进一步提高的主要原因在于高灰钙比增加了介孔的比例。Gullett 等[42]的研究表明，$Ca(OH)_2$ 脱硫剂在 5～20nm 孔径范围内的孔隙结构有利于脱硫，该孔径范围既能够保证脱硫剂具有较高的孔隙率和活性反应面积，又能够减少孔口闭塞和微小孔隙堵塞的概率。因此，提高介孔比例，不仅可以增加样品的分形维数，还可以改善激冷水合脱硫剂的脱硫性能。

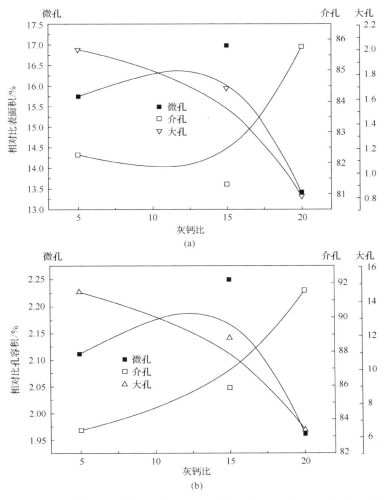

图 6.21　灰钙比对激冷水合脱硫剂相对比表面积和相对比孔容积的影响

6.4.2.2 水合时间与分形维数和钙转化率

前期研究表明，水合时间小于 6h 时，样品的钙转化率均小于 30%，因此在后续的掺混有粉煤灰的炽热镁渣激冷水合试验中，水合时间选择从 6h 开始并做相应的增加。分形维数和钙转化率随水合时间的变化趋势见图 6.22。

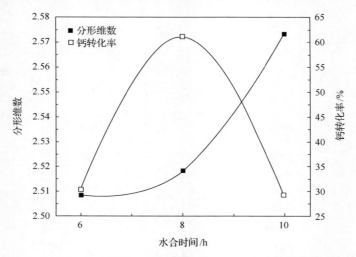

图 6.22　水合时间对激冷水合脱硫剂分形维数和钙转化率的影响

结果指出，水合时间从 6h 增加到 8h 时，分形维数从 2.51 增加到 2.52，相对增加了 0.4%。与此同时，钙转化率呈现出更为快速的增长趋势，即从 30.36% 增加到 61.16%，相对增加了 101%。水合时间从 8h 增加到 10h 时，分形维数增加的较为明显，即从 2.52 增加到 2.57，相对增加了 2%，但是钙转化率却从 61.16% 急剧下降到 28.69%，相对下降了 53%。结果再次表明，并不是激冷水合时间越长，脱硫性能越好，而是存在一个最佳的激冷水合时间，即 8h。但是，此时水合脱硫剂的分形维数并不是最大值。这种不同步的变化说明，在激冷水合时间的变化范围内，分形维数的增加只能在一定程度上提高脱硫性能，同样存在着水合脱硫剂的钙转化率最高的分形维数，称为最佳分形维数。

水合时间对激冷水合脱硫剂的相对比表面积和相对比孔容积的影响如图 6.23 所示。与灰钙比的情况类似，水合时间为 8h 时，所对应的样品钙转化率最大，且介孔比例也是最大的，主要是因为前面提及的介孔比例的增加可以提高样品的比孔容积和比表面积。水合时间 10h 时，所对应样品的微孔相对比表面积和比孔容积均急剧增加，由于分形维数的变化趋势与微孔相对比孔容积的变化趋势完全一致，所以此时样品的分形维数会相应的增加，与钙转化率的变化趋势相反，这也进一步证实了微孔比例的增加是分形维数的增加的主要贡献者。

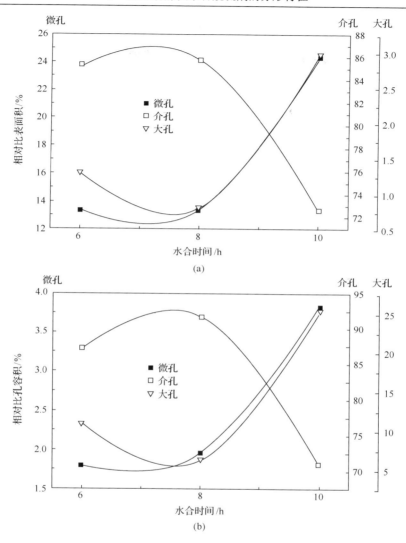

图 6.23　水合时间对激冷水合脱硫剂相对比表面积和相对比孔容积的影响

6.5　小　　结

　　本章借助分形理论，分别研究了镁渣/粉煤灰水合脱硫剂和镁渣/粉煤灰激冷水合脱硫剂微观结构的分形特征。在所研究的范围内发现，镁渣/粉煤灰水合脱硫剂的分形维数普遍大于镁渣/粉煤灰激冷水合脱硫剂的分形维数，镁渣/粉煤灰水合脱硫剂的分形维数较大是微孔比例较大所引起的；而分形维数与脱硫剂的性能并非呈现简单的线性关系，而是存在转捩点：当分形维数小于该转捩点时，随着分形维数增加，脱硫剂的钙转化率与分形维数成正比；当分形维数超过该转捩点时，随者分形维数增加，脱硫剂的钙转化率反向减小。

参 考 文 献

[1] 辛厚文. 分形理论及其应用[M]. 合肥: 中国科学技术大学出版社, 1993.

[2] 丁俊, 孙洪泉. 分形维数测定方法对比分析[J]. 工程建设, 2010, 42(5): 10-13.

[3] 刘代俊. 分形理论在化学工程中的应用[M]. 北京: 化学工业出版社, 2006.

[4] 唐慧萍, 谈萍, 奚正平, 等. 烧结金属多孔材料研究进展[J]. 稀有金属材料与工程, 2006, 35(2): 428-432.

[5] 杨全红, 郑经堂, 王茂章, 等. 微孔炭的纳米孔结构和表面微结构[J]. 材料研究学报, 2000, 14(2): 113-122.

[6] 胡荣泽. 评多孔体的表征[J]. 粉体技术, 1995, 1(4): 26-33.

[7] 陈永. 多孔材料制备与表征[M]. 合肥: 中国科学技术大学出版社, 2009.

[8] Perfect E, Blevins R L. Fractal characterization of soil aggregation and fragmentation as influenced by tillage treatment[J]. Soil Science Society of America Journal, 1997, 61(3): 896-900.

[9] Fan B G, Jia L, Li B, et al. Study on desulfurization performances of magnesium slag with different hydration modification[J]. Journal of Material Cycles and Waste Management, 2018, 20(3): 1771-1780.

[10] Thompson A H, Katz A J, Krohn C E. The microgeometry and transport properties of sedimentary rock[J]. Advances in Physics, 1987, 36(5): 625-694.

[11] Krohn C E, Thompson A H. Fractal sandstone pores: Automated measurements using scanning-electron-microscope images[J]. Physical Review B, 1986, 33(9): 6366-6374.

[12] 周甫方, 黄远明. 多孔硅薄膜微结构的分形特性[J]. 微纳电子技术, 2007, (4), 182-194.

[13] 杨通在, 罗顺忠, 邵晓红, 等. 碳纳米管固相微萃取涂层吸附性能研究[J]. 分子科学学报, 2010, 26(1): 66-71.

[14] 赵永红, 黄杰藩, 王仁. 岩石微破裂发育的扫描电镜即时观测研究[J]. 岩石力学与工程学报, 1992, 11(3): 284-294.

[15] 施明恒, 陈永平. 多孔介质传热传质分形理论初析[J]. 南京师大学报(工程技术版), 2001, 1(1): 6-12.

[16] 郑瑛, 周英彪, 郑楚光. 多孔 CaO 孔隙结构的分形描述[J]. 华中科技大学学报, 2001, 29(3): 82-84.

[17] 张东晖, 杨浩, 施明恒. 多孔介质模型的难点与探索[J]. 东南大学学报(自然科学版), 2002, 32(5): 692-697.

[18] 刘龙波, 王旭辉. 由吸附等温线分析膨润土的分形孔隙[J]. 高校化学工程学报, 2003, 17(5): 591-595.

[19] Collet F, Bart M, Serres L, et al. Porous structure and water vapour sorption of hemp-based materials[J]. Construction & Building Materials, 2008, 22(6): 1271-1280.

[20] Li K, Horne R N. Numerical simulation without using experimental data of relative permeability[J]. Journal of Petroleum Science & Engineering, 2006, 61(2): 67-74.

[21] Watt-Smith M J, Rigby S P, Ralph T R, et al. Characterisation of porous carbon electrode materials used in proton exchange membrane fuel cells via gas adsorption[J]. Journal of Power Sources, 2008, 184(1): 29-37.

[22] Cuerda-Correa E M, Macías-García A, Díez M A D, et al. Textural and morphological study of activated carbon fibers prepared from kenaf[J]. Microporous and Mesoporous Materials, 2008, 111(1): 523-529.

[23] Dathe A, Thullner M. The relationship between fractal properties of solid matrix and pore space in porous media[J]. Geoderma, 2005, 129(3): 279-290.

[24] Zhang B, Li S. Determination of the surface fractal dimension for porous media by mercury porosimetry[J]. Industrial and Engineering Chemistry Research, 1995, 34(4): 1383-1386.

[25] 王桂荣, 王富民, 辛峰, 等. 利用分形几何确定多孔介质的孔尺寸分布[J]. 石油学报(石油加工), 2002, 18(3): 86-91.

[26] 张玉柱, 张庆军, 莫文玲, 等. 烧结矿微孔隙的分形特征[J]. 烧结球团, 2005, 30(4): 1-4.

[27] 李永鑫, 陈益民, 贺行洋, 等. 粉煤灰-水泥浆体的孔体积分形维数及其与孔结构和强度的关系[J]. 硅酸盐学报, 2003, 31(8): 774-779.

[28] Borys P, Grzywna Z J. On the fractality of the Freundlich adsorption isotherm in equilibrium and non-equilibrium cases[J]. Physical Chemistry Chemical Physics, 2016, 18(30): 20784-9.

[29] 尚建宇, 王河山, 王松岭, 等. 钙基脱硫剂空隙结构的分形特性研究[J]. 动力工程, 2009, 29(2): 96-100.

[30] Sahouli B, Blacher S, Brouers F. Applicability of the fractal FHH equation[J]. Langmuir, 1997, 13(16): 4391-4394.

[31] Milne C R, Silcox G D. High-temperature short-time sulphation of calcium-based sorbents I: Theoretical sulphation model[J]. Industrial and Engineering Chemistry Research, 1990, 29(5): 2192-2201.

[32] Gollakota S V. Study of adsorption process using silicate for sulfur dioxide removal from combustion gases[J]. Industrial and Engineering Chemistry Research, 1998, 27: 139-140.

[33] Mahnke M, Mogel H J. Fractal analysis of physical adsorption on material surfaces[J]. Colloids and surfaces A, 2003, 216: 215-228.

[34] 近藤精一, 石川达雄, 安部郁夫. 吸附科学[M]. 北京: 化学工业出版社, 2006.

[35] 严继民, 张启元. 吸附于凝聚-固体的表面与孔[M]. 第二版, 北京: 科学出版社, 1986.

[36] 刘辉, 吴少华, 孙瑞, 等. 快速热解褐煤焦的比表面积及孔隙结构[J]. 中国电机工程学报, 2005, 25(12): 86-90.

[37] 林晓芬, 张军, 尹艳山, 等. 氮吸附法和压汞法测量生物质焦孔隙结构的比较[J]. 炭素, 2009, 32(3): 34-37.

[38] 王毅, 赵阳升, 冯增朝. 褐煤煤层自燃火灾发展进程中孔隙结构演化特征[J]. 煤炭学报, 2010, 35(9): 1490-1495.

[39] 缪明烽, 沈湘林. 钙基脱硫剂孔隙中 SO_2 气体非线性扩散的研究[J]. 电力科技与环保, 2010, 26(1): 19-22.

[40] 缪明烽. 钙基脱硫剂非线性孔结构及其硫化活性的研究[D]. 南京: 东南大学, 2001.

[41] Karatepe N. Determination of the reactivity of $Ca(OH)_2$-fly ash sorbents for SO_2 removal from flue gases[J]. Thermochimica Acta, 1998, 319: 171-176.

[42] Gullett B K, Brace K R. Pore distribution changes of calcium-based sorbents reacting with sulfur dioxide[J]. AIChE Journal, 1987, 33: 1719-1726.